高等院校课程设计案例精编

HTML5网页设计
经典课堂

尚展垒　张冲　主编

清华大学出版社
北京

内 容 简 介

本书以 HTML 5 为写作基础，以"理论知识＋实操案例"为创作导向，围绕 Web 前端展开讲解。书中的每个案例都给出了详细的实现代码，并对代码中的关键点和效果实现进行了描述。

全书共 12 章，分别对 HTML 5 中文字和图片样式、列表的制作、网页表单的制作、多媒体设置、表格和链接的使用、新增元素的用法、新型表单的制作、地理位置的获取、在页面中绘图、离线储存和拖放进行了详细阐述。本书结构清晰，思路明确，内容丰富，语言简练，既有鲜明的基础性，也有很强的实用性。

本书既可作为大中专院校及高等院校相关专业的教学用书，又可作为网页设计爱好者的学习用书。同时，也可作为社会各类网页设计及 Web 前端开发培训班的首选教材。

图书在版编目(CIP)数据

HTML5网页设计经典课堂 / 尚展垒，张冲主编. —北京：清华大学出版社，2020.6

（高等院校课程设计案例精编）

ISBN 978-7-302-55740-1

Ⅰ. ①H… Ⅱ. ①尚… ②张… Ⅲ. ①超文本标记语言—程序设计—高等学校—教学参考资料 Ⅳ. ①TP312

中国版本图书馆CIP数据核字（2020）第103262号

责任编辑：李玉茹
封面设计：张　伟
责任校对：王明明
责任印制：沈　露

出版发行：清华大学出版社
网　　址：http://www.tup.com.cn，http://www.wqbook.com
地　　址：北京清华大学学研大厦A座　　　　邮　　编：100084
社 总 机：010-62770175　　　　　　　　　邮　　购：010-62786544
投稿与读者服务：010-62776969，c-service@tup.tsinghua.edu.cn
质量反馈：010-62772015，zhiliang@tup.tsinghua.edu.cn

印 装 者：北京嘉实印刷有限公司
经　　销：全国新华书店
开　　本：185mm×260mm　　印　　张：18.75　　字　　数：453千字
版　　次：2020年8月第1版　　　　印　　次：2020年8月第1次印刷
定　　价：69.00 元

产品编号：087145-01

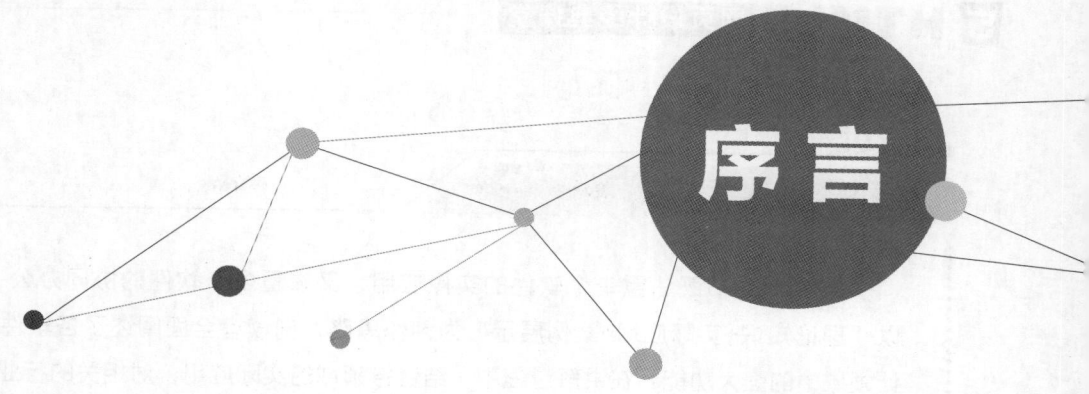

 **为啥要学设计？**

随着社会的发展，人们对美好事物的追求与渴望，已达到了一个新的高度。这一点充分体现在了审美意识上，毫不夸张地讲，我们身边的美无处不在，大到园林建筑，小到平面海报，抑或是小门店也都要装饰一番以突显出自己的特色。这一切都是"设计"的结果，可以说生活中的很多元素都被有意识或无意识地设计过。俗话说：学设计饿不死，学设计高工资！那些有经验的设计师，月薪过万不是梦。正是因为这一点，很多人都投身于设计行业。

问：学设计可以从事哪类工作？求职难吗？

答：广为人知的设计行业包括：室内设计、广告设计、UI设计、珠宝设计、服装设计、环艺设计、影视动画设计……所以你还在问求职难吗！

问：如何选择学习软件？

答：根据设计类型和就业方向，学习相关软件。比如，平面设计类软件大同小异，重在设计体验。室内外设计软件各有侧重，贵在实际应用。各类软件之间也要配合使用，就像设计师要用Photoshop对建筑效果图做后期处理，为了让设计作品呈现更好的效果，有时会把视频编辑软件与平面软件相互配合。

问：没有美术基础的人也可以学设计吗？

答：可以。设计类的专业有很多，并不是所有的设计专业都需要有美术的功底，如工业设计、展示设计等。俗话说"艺术来源于生活"，学设计不但可以提高自身审美能力，还能有效地指引人们制作出更精美的作品，提升自己的生活品质。

问：设计该从何学起？

答：自学设计可以先从软件入手：位图、矢量图和排版。学会了软件可以胜任90%的设计工作，只是缺乏"经验"。设计是软件技术+审美+创意，其中软件学习比较容易上手，而审美品位的提升则需要多欣赏优秀作品，只要不断学习，突破自我，优秀的设计技术就能被轻松掌握！

系列图书课程安排

　　本系列图书既注重单个软件的实操应用，又看重多个软件的协同办公，以"理论知识+实际应用+案例展示"为创作思路，向读者全面阐述了各软件在设计领域中的强大功能。在讲解过程中，结合各领域的实际应用，对相关的行业知识进行了深度剖析，以辅助读者完成各种类型的设计工作。正所谓要"授人以渔"，读者不仅可以掌握这些设计软件的使用方法，还能利用它独立完成作品的创作。本系列图书包含以下作品：

　　√《3ds Max建模技法经典课堂》
　　√《3ds Max+Vray效果图表现技法经典课堂》
　　√《SketchUp草图大师建筑·景观· 园林设计经典课堂》
　　√《AutoCAD + 3ds Max + Vray室内效果图表现技法经典课堂》
　　√《AutoCAD + SketchUp + Vray建筑室内外效果表现技法经典课堂》
　　√《Adobe Photoshop CC图像处理经典课堂》
　　√《Adobe Illustrator CC平面设计经典课堂》
　　√《Adobe InDesign CC版式设计经典课堂》
　　√《Adobe Photoshop + Illustrator平面设计经典课堂》
　　√《Adobe Photoshop + CorelDRAW平面设计经典课堂》
　　√《Adobe Premiere Pro CC 视频编辑经典课堂》
　　√《Adobe After Effects CC 影视特效制作经典课堂》
　　√《HTML5+CSS3网页设计与布局经典课堂》
　　√《HTML5+CSS3+JavaScript网页设计经典课堂》

适用读者群体

- 室内效果图制作人员；
- 室内装修、装饰设计人员；
- 装饰装潢培训班学员；
- 大中专院校及高等院校相关专业师生；
- AutoCAD/3ds Max设计爱好者。

作者团队

本书由尚展垒、张冲编写。其中郑州轻工业大学的尚展垒老师编写了第1～6章，中原工学院的张冲老师编写了第7～12章，同时，感谢清华大学出版社的所有编审人员为本书的出版所付出的辛勤劳动，感谢郑州轻工业大学教务处的大力支持。本书在编写过程中力求严谨细致，但由于水平与精力有限，书中难免出现疏漏和不妥之处，希望各位读者朋友们多多包涵，并批评指正，万分感谢！

本书配套教学资源请扫描以下二维码获取。

素材

课件

本书知识结构导图

```
                                           ┌─ 认识HTML
                              HTML入门必学 ─┼─ HTML5的发展
                                           └─ HTML5新增的元素
                                           ┌─ 文字和段落的样式设置
                              文字和图片样式 ┴─ 图片的样式设置
                                           ┌─ 使用无序列表
                              使用列表 ─────┼─ 使用有序列表
                                           └─ 列表的嵌套
                                           ┌─ 表单的基本标签
                    HTML基础  表单的制作 ───┼─ 表单的基本属性
                                           └─ 插入表单对象
                                           ┌─ 插入多媒体
                              网页中的多媒体 ┼─ 设置滚动效果
                                           └─ 设置背景音乐
                                           ┌─ 创建表格
                                           ├─ 表格的属性
                              使用表格和链接 ┤─ 单元格的属性
                                           └─ 超链接的路径及创建超链接

HTML5网页设计
                                           ┌─ HTML5优势
                              HTML5新特性 ──┼─ 新增的主体和非主体结构元素的用法
                                           └─ 新增的audio和video标签
                                           ┌─ 新的表单元素
                              制作新型表单 ─┼─ 新增表单属性
                                           ├─ 新增表单空间
                                           └─ 制作一个新表单
                                           ┌─ 地理位置信息
                              地理位置请求 ─┼─ Geolocation应用
                    HTML5进阶              └─ 使用Geolocation API定位位置
                                           ┌─ canvas基础应用
                                           ├─ 使用canvas
                              使用canvas图形 ┼─ 使用canvas绘制曲线路径
                                           ├─ 使用canvas绘制图像
                                           └─ 使用canvas绘制文本
                                           ┌─ 离线Web介绍
                              本地储存和拖放 ┼─ 使用离线Web
                                           ├─ 使用Web workers API
                                           └─ 拖放API的应用
```

目 录

CONTENTS

第 7 章 HTML5 新增元素的用法

第 8 章 制作新型表单

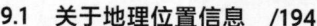

第 9 章 地理位置请求

01
CHAPTER

第1章

HTML入门必学

内容概要

　　HTML 是目前在网络上应用最为广泛的语言，是构成网页文档的主要语言。HTML 文档是由 HTML 标签组成的描述性文本，HTML 标签可以设置文字、图形、动画、声音、表格和链接等。HTML 是一种规范，一种标准，它通过标记符号来标记要显示的网页中的各个部分。

学习目标

◆ 了解 HTML 的基础概念和发展史　　◆ 掌握 HTML5 的新增功能
◆ 了解 HTML 的基本结构　　　　　　◆ 学会 HTML5 新增元素的使用

知识导图

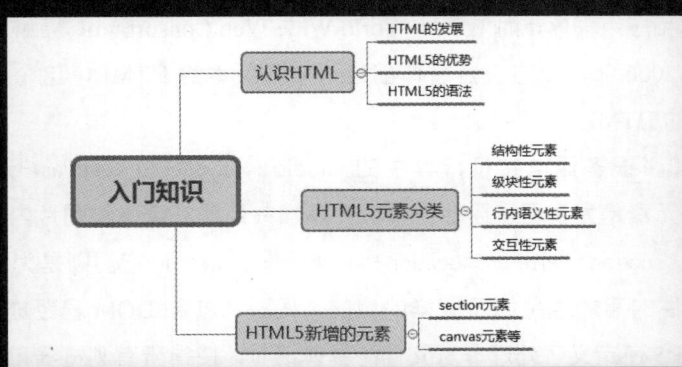

课时安排

◆ 理论知识 1 课时
◆ 上机练习 1 课时

1.1　认识 HTML

HTML 的英文全称是 Hyper Text Markup Language，中文名称为超文本标记语言，是全球广域网上描述网页内容和外观的标准。HTML 被用来结构化信息，例如标题、段落和列表等，也可用来描述文档的外观和语义。由蒂姆·伯纳斯 - 李（Tim Berners-Lee）给出原始定义，由 IETF 用简化的 SGML（标准通用标记语言）语法进行进一步发展的 HTML，后来成为国际标准，并由万维网联盟（W3C）进行维护。早期的 HTML 语法被定义得较为松散，以便不熟悉网络出版的人使用。此后，官方标准渐渐趋于严格，但浏览器继续显示不合乎标准的 HTML。使用 XML 的严格规则的 XHTML（可扩展超文本标记语言）是 W3C 计划中 HTML 的接替者。虽然很多人认为它已经成为当前的 HTML 标准，但其实际上是一个独立的、和 HTML 平行发展的标准。W3C 目前的建议是使用 XHTML 1.1、XHTML 1.0 或者 HTML 4.01。

HTML5 是标准通用标记语言下的一个应用超文本标记语言（HTML），已进行了五次重大修改。较之以前的版本，HTML5 不仅可表示 Web 内容，其新功能还会使 Web 成为一个成熟的平台。在 HTML5 上，视频、音频、图像、动画，以及同计算机的交互都将被标准化。

1999 年 12 月发布 HTML 4.01 后，后继的 HTML5 和其他标准被束之高阁，为了推动 Web 标准化运动的发展，一些公司联合起来，成立了一个叫作 Web Hypertext Application Technology Working Group（Web 超文本应用技术工作组，WHATWG）的组织。WHATWG 致力于 Web 表单和应用程序，而 W3C（World Wide Web Consortium，万维网联盟）专注于 XHTML 2.0。在 2006 年，双方决定合作创建一个新版本的 HTML，这个新版本的 HTML 就是今天所熟知的 HTML5。

HTML5 添加了很多语法特征，其中的 <audio><video> 和 <canvas> 元素同时集成了 SVG 内容。这些元素是为了更容易地在网页中添加并处理多媒体和图片内容而添加的。其他的新元素包括 <section><article><header><nav> 和 <footer>，它们则是为了丰富文档的数据内容。新的属性的添加也是为了同样的目的，同时 API 和 DOM 已经成为 HTML5 中的基础部分。HTML5 还定义了处理非法文档的具体细节，使得所有浏览器和客户端能都一致地处理语法错误。

1.2　HTML5 的优势

HTML5 与以往的 HTML 版本不同，HTML5 在字符集 / 元素和属性等方面做了大量的改进。在讨论 HTML5 编程之前，首先带领大家了解 HTML5 的一些优势，以便为后面学习编程做好铺垫。

1.2.1 强大的交互性

HTML5 与之前的版本相比，在交互上做了很大文章。以前所能看见的页面中的文字都是只能看，不能修改。而在 HTML5 中只需添加一个 contenteditable 属性，即可看见页面内容变为可编辑。

小试身手 制作一个可以被编辑的页面

代码如下：

```
<!doctype html>
<html>
<head>
<meta charset="utf-8">
<title> 无标题文档 </title>
</head>
<body>
<p> 不能被用户编辑：关关雎鸠，在河之洲。窈窕淑女，君子好逑。</p>
<p contenteditable="true"> 可以被用户编辑：关关雎鸠，在河之洲。窈窕淑女，君子好逑。</p>
</body>
</html>
```

只需要在 p 标签内部加入 contenteditable 属性，并且让其值为真。在浏览器中显示的效果如图 1-1 所示。

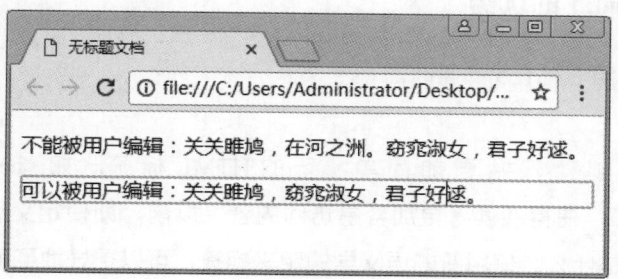

图 1-1

通过图 1-1 可以看出 HTML5 在交互方面给用户提供了很大便利与权限，但是 HTML5 的强大交互远不止这一点。除了对用户展现出了非常友好的态度之外，对开发者也是如此。例如，在一个文本输入框输入提示字提醒用户"请输入您的账号"等这样的操作来提醒用户页面中的某些输入框的功能，在 HTML5 以前需要写大量的 JavaScript 代码来完成这一操作，但现在只需要一个 placeholder 属性即可轻松搞定，节省了开发人员大量的时间与精力。

⚙小试身手　　表单中的提示内容

代码如下：

```
<!doctype html>
<html>
<head>
<meta charset="utf-8">
<title> 无标题文档 </title>
</head>
<body>
<form action="#" method="post">
<p><input type="text" value="" placeholder=" 输入您的用户名 "></p>
<p><input type="password" value="" placeholder=" 再输入您的密码 "></p>
</form>
</body>
</html>
```

代码的运行效果如图 1-2 所示。

HTML5 除了为用户和开发人员提供便利，还考虑到了各大浏览器厂商。例如，以前要在网页中看视频需要 Flash 插件，无形中增加了浏览器的负担，而现在只需要一个简单的 video 即可满足用户在网页中看视频的需求。

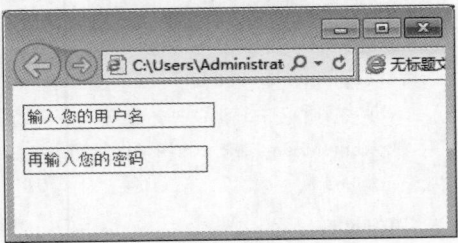

图 1-2

1.2.2　使用 HTML5 的优势

这里列出了使用 HTML5 的原因。

（1）简单

HTML5 使得创建网站更加简单。新的 HTML 标签，如 <header><footer><nav><section><aside> 等，使得阅读者更加容易访问内容。以前，即使定义了 class 或者 id 也无法了解给出的 div 是什么。使用新的语义学的定义标签，可以更好地了解 HTML 文档。

（2）视频和音频支持

以前想要在网页上实现视频和音频的播放都需要借助 Flash 等第三方插件完成，而在 HTML5 中可以直接使用标签 <video> 和 <audio> 访问资源。HTML5 视频和音频标签基本将其视为图片：<video src=""/>。至于参数，如宽度和高度或者自动播放，只需像其他 HTML 标签一样定义：<video src="url" width="640px" height="380px" autoplay/>。

HTML5 将以前烦琐的过程变得简单，然而一些过时的浏览器可能对 HTML5 的支持度并不是很友好，需要添加更多代码让其正常工作。但这个代码还是比 <embed> 和 <object> 简单得多。

（3）文档声明

没错，就是 doctype，没有更多内容了，是不是非常简单？不需要拷贝粘贴，也没有多余的 head 标签。最大的好处在于，除了简单，它能在每一个浏览器中正常工作，即使是声名狼藉的 IE6 也没有问题。

（4）结构清晰、语义明确的代码

如果对简单、优雅、容易阅读的代码有所偏好的话，HTML5 绝对是一个为你量身定做的东西。HTML5 允许写出简单清晰且富于描述的代码。符合语义学的代码允许分开样式和内容。看看这个典型的简单拥有导航功能的 header 代码：

```
<div id="header">
<h1>Header Text</h1>
<div id="nav">
<ul>
<li><a href="#">Link</a></li>
<li><a href="#">Link</a></li>
<li><a href="#">Link</a></li>
</ul>
</div>
</div>
```

是不是很简单？但是使用 HTML5 后会使得代码更加简单并且富有含义：

```
<header>
<h1>Header Text</h1>
<nav>
<ul>
<li><a href="#">Link</a></li>
<li><a href="#">Link</a></li>
<li><a href="#">Link</a></li>
</ul>
</nav>
</header>
```

HTML5 可以通过使用语义学的 HTML header 标签描述内容来解决 div 及其 class 定义问题。以前需要大量使用 div 来定义每一个页面内容区域，但是使用新的 <section> <article><header><footer><aside> 和 <nav> 标签，可以让代码更加清晰，便于阅读。

（5）强大的本地存储

HTML5 中引入了新特性本地存储，这是一个非常酷炫的新特性。有一点像比较老的技术 cookie 和客户端数据库的融合。但是它比 cookie 更好用，存储量也更大。因其支持多个 Windows 存储，拥有更好的安全性，且浏览器关闭后数据也可以被保存。

本地存储在 HTML5 工具中不需要第三方插件就能实现。能够将数据保存到浏览器中意味着可以简单地创建一些应用特性，例如：保存信息、缓存数据，以及加载上一次的应用状态。

（6）交互升级

人们都喜欢对用户有反馈的动态网站，享受互动的过程。HTML5 中的 <canvas> 标签可以做更多的互动和动画，就像使用 Flash 达到的效果，经典游戏"水果忍者"就可以通过 canvas 画图功能来实现。

（7）HTML5 游戏

前几年，基于 HTML5 开发的游戏非常火爆。近两年虽然受到了一些冲击，但如果能找到合适的盈利模式，HTML5 依然是在手机端开发游戏的首选技术。

（8）移动互联网

移动设备如今已经占领世界。我们的生活只需要一部智能手机即可满足某些需求，如用手机支付、使用手机端订购外卖。HTML5 是最移动化的开发工具。随着 Adobe 宣布放弃移动 Flash 开发，用户将会考虑使用 HTML5 来开发 Web 应用。当手机浏览器完全支持 HTML5，那么开发移动项目将会和设计更小的触摸显示一样简单。这里有很多的 meta 标签允许用户优化移动：viewport，允许用户定义 viewport 宽度和缩放设置；全屏浏览器，IOS 指定的数值允许 Apple 设备全屏模式显示；Home screen icons，就像桌面收藏这些图标可以用来添加收藏到 IOS 和 Android 移动设备的首页中。

1.3 HTML5 语法

HTML5 中的语法和之前版本有些变化，因为 HTML5 设计为化繁为简的准则文档，类型和字符说明等都进行了简化，下面进行说明。

1.3.1 文档类型声明

DOCTYPE 声明是 HTML 文件中必不可少的，位于文件第一行，在 HTML4 中，它的声明方法如下：

```
<!DOCTYPE html PUBLIC "-//W3C//DTD XHTML 1.0 Transitional//EN" "http://www.w3.org/TR/xhtml1/DTD/xhtml1-transitional.dtd">
```

在 HTML5 中，刻意不使用版本声明，一份文档将会适用于所有版本的 HTML。HTML5 中的 DOCTYPE 声明方法（不区分大小写）如下：

```
<!DOCTYPE html>
```

另外，当使用工具时，也可以在 DOCTYPE 声明方式中加入 SYSTEM 识别符，声明方法如下：

```
<!DOCTYPE HTML SYSTEM"about:legacy-compat">
```

在 HTML5 中，像这样的 DOCTYPE 声明方式是允许的，字母不区分大小写，引号不区分单引号和双引号。

知识拓展

使用 HTML5 的 DOCTYPE 会触发浏览器以标准兼容模式显示页面。众所周知，网页有多种显示模式，浏览器会根据 DOCTYPE 识别该使用哪种模式，以及使用什么规则验证页面。

1.3.2 字符编码

在 HTML4 中，使用 <meta> 元素的形式指定文件中的字符编码，如下：

```
<meta http-equiv="Content-Type" content="text/html; charset=utf-8" >
```

在 HTML5 中，可以使用对 <meta> 元素直接追加 charset 属性的方式指定字符编码，如下：

```
<meta charset="utf-8">
```

两种方法都有效，即通过 content 元素的属性来指定，但是不能同时混合使用两种方式。在以前的网站代码中存在的标记方式，在 HTML5 中将被认为是错误的，如下：

```
<meta charset="utf-8" http-equiv="Content-Type" content="text/html; charset=utf-8" >
```

从 HTML5 开始，文件的字符编码推荐使用 UTF-8。

1.3.3 省略引号

属性两边既可以用双引号，也可以用单引号。HTML5 在此基础上做了一些改进，当属性值不包括空字符串、<、>、=、单引号、双引号等字符时，属性值两边的引号可以省略。

以下写法都是合法的：

```
<input type="text">
<input type='text'>
<input type=text>
```

 1.4 HTML5 元素分类

HTML5 新增了很多元素，也废除了不少元素，根据现有的标准规范，把 HTML5 的元素按等级定义为结构性元素、级块性元素、行内语义性元素和交互性元素四大类。

1.4.1 结构性元素

结构性元素主要负责 Web 上下文结构的定义，确保 HTML 文档的完整性，这类元素包括以下几个。

◎ Section：在 Web 页面应用中，该元素可以用于区域的章节表述。

◎ Header：页面头部，注意区别于 head 元素。head 元素中的内容往往是不可见的，header 元素往往在一对 body 元素之中。

◎ Footer：页面底部，通常会在这里标出网站的一些相关信息。例如，关于我们、法律声明、邮件信息和管理入口等。

◎ Nav：是专门用于菜单导航、链接导航的元素，是 navigator 的缩写。

◎ Article：用于表示一篇文章的主体内容，即文字集中显示的区域。

1.4.2 级块性元素

级块性元素主要完成 Web 页面区域的划分，确保内容的有效分隔，这类元素包括以下几个。

◎ Aside：用以表示注记、贴士、侧栏、摘要、插入的引用等，作为补充主体的内容。从一个简单页面显示上看，就是侧边栏，可以在左边，也可以在右边。从一个页面的局部看，就是摘要。

◎ Figure：是对多个元素组合并展示的元素，通常与 figcaption 联合使用。

◎ Code：表示一段代码块。

◎ Dialog：用于表达人与人之间的对话，该元素还包括 dt 和 dd 这两个组合元素，它们常常同时使用，dt 用于表示说话者，而 dd 则用来表示说话者说的内容。

1.4.3 行内语义性元素

行内语义性元素主要完成 Web 页面具体内容的引用和表示，是丰富内容展示的基础，这类元素包括以下几个。

◎ Meter：表示特定范围内的数值，可用于工资、数量、百分比等。

◎ Time：表示时间值。

◎ Progress：用来表示进度条，可通过对其 max、min、step 等属性进行控制，完成进度的表示和监视。

◎ Video：视频元素，用于支持和实现视频文件的直接播放，支持缓冲预载和多种视频媒体格式，如 MPEG-4、OGGV 和 WEBM 等。

◎ Audio：音频元素，用于支持和实现音频文件的直接播放，支持缓冲预载和多种音频媒体格式。

1.4.4 交互性元素

交互性元素主要用于功能性的内容表达，会有一定的内容和数据的关联，是各种事件的基础，这类元素包括以下几个。

◎ Details：用来表示一段具体的内容，但是内容默认可能不显示，通过某种手段（如单击），legend 交互才会显示。

◎ Datagrid：用来控制客户端数据与显示，可以由动态脚本及时更新。

◎ Menu：主要用于交互表单。

◎ Command：用来处理命令按钮。

1.5 HTML5 中新增的元素

在 HTML5 中，新增了很多元素。使用这些新的元素，前端设计人员可以更加省力和高效地制作出好看的网页。下面将对所有新增元素的使用方法进行简单介绍。

1.5.1 section 元素

<section> 元素定义文档中的节（section、区段）。比如章节、页眉、页脚或文档中的其他部分。

在 HTML4 中，div 元素与 section 元素具有相同功能，其语法格式如下：

```
<div>...</div>
```

示例代码如下：

```
<div>HTML5+CSS3</div>
```

在 HTML5 中 section 语法格式如下：

```
<section>...</section>
```

示例代码如下：

```
<section>HTML5+CSS3</section>
```

1.5.2　article 元素

<article> 元素定义外部的内容。

外部内容可以是来自外部新闻提供者的一篇新文章，或者来自 blog 的文本，或者是来自论坛的文本，抑或是其他外部源内容。

在 HTML4 中，div 元素与 article 元素具有相同功能，其语法格式如下：

```
<div>...</div>
```

示例代码如下：

```
<div>HTML5+CSS 3 </div>
```

在 HTML5 中 article 语法格式如下：

```
< article >...</ article >
```

示例代码如下：

```
< article >HTML5+CSS3</ article >
```

1.5.3　aside 元素

<aside> 元素用于表示 article 元素内容之外的，并且与 aside 元素内容相关的一些辅助信息。

在 HTML4 中，div 元素与 aside 元素具有相同功能，其语法格式如下：

```
<div>...</div>
```

示例代码如下：

```
<div>HTML5+CSS3</div>
```

在 HTML5 中 aside 语法格式如下：

```
< aside >...</ aside >
```

示例代码如下：

```
< aside >HTML5+CSS3</ aside >
```

1.5.4 header 元素

<header> 元素表示页面中一个内容区域或整个页面的标题。

在 HTML4 中，div 元素与 header 元素具有相同功能，其语法格式如下：

```
<div>...</div>
```

示例代码如下：

```
<div>HTML5+CSS3</div>
```

在 HTML5 中 header 语法格式如下：

```
<header>...</header>
```

示例代码如下：

```
<header>HTML5+CSS3</header>
```

1.5.5 fhgroup 元素

<fhgroup> 元素用于组合整个页面或页面中一个内容区块的标题。

在 HTML4 中，div 元素与 fhgroup 元素具有相同功能，其语法格式如下：

```
<div>...</div>
```

示例代码如下：

```
<div>HTML5+CSS 3</div>
```

在 HTML5 中 fhgroup 语法格式如下：

```
<fhgroup>...</fhgroup>
```

示例代码如下：

```
<fhgroup>HTML5+CSS3</fhgroup>
```

1.5.6 footer 元素

<footer> 元素用于组合整个页面或页面中一个内容区块的脚注。

在 HTML4 中，div 元素与 footer 元素具有相同功能，其语法格式如下：

```
<div>...</div>
```

示例代码如下：

```
<div>
XXX 大学计算机系 2016 届学员 <br/>
李磊 <br/>
139xxxx2505<br/>
2017-03-12
</div>
```

在 HTML5 中 footer 语法格式如下：

```
<footer>...</footer>
```

示例代码如下：

```
<footer>
XXX 大学计算机系 2016 届学员 <br/>
李磊 <br/>
139xxxx2505<br/>
2017-03-12
</footer>
```

1.5.7 nav 元素

<nav> 元素定义导航链接的部分。

在 HTML4 中，使用 ul 元素替代 nav 元素，其语法格式如下：

```
<ul>...</ul>
```

示例代码如下：

```
<ul>
<li>items01</li>
<li>items02</li>
<li>items03</li>
<li>items04</li>
</ul>
```

在 HTML5 中 nav 语法格式如下：

```
<nav>...</nav>
```

示例代码如下：

```
<nav>
<a href="">items01</a>
<a href="">items02</a>
<a href="">items03</a>
<a href="">items04</a>
</nav>
```

1.5.8 figure 元素

<figure> 元素用于对元素进行组合。

在 HTML4 中，示例代码如下：

```
<dl>
<h1>HTML5</h1>
<p>HTML5 是当今最流行的网络应用技术之一 </p>
</dl>
```

在 HTML5 中 figure 语法格式如下：

```
<figure>
<figcaption>HTML5</figcaption>
<p>HTML5 是当今最流行的网络应用技术之一 </p>
</figure>
```

1.5.9 video 元素

<video> 元素用于定义视频，例如电影片段等。

在 HTML4 中，示例代码如下：

```
<object data="movie.mp4" type="video/mp4">
<param name="" value="movie.mp4">
</object>
```

在 HTML5 中 video 语法格式如下：

```
<video width="320" height="240" controls>
<source src="movie.mp4" type="video/mp4">
<source src="movie.ogg" type="video/ogg">
```

```
您的浏览器不支持 Video 标签。
</video>
```

1.5.10　audio 元素

<audio> 元素用于定义音频，例如歌曲片段等。

在 HTML4 中，示例代码如下：

```
<object data="music.mp3" type="application/mp3">
<param name="" value="music.mp3">
</object>
```

在 HTML5 中 audio 语法格式如下：

```
<audio controls>
<source src="music.mp3" type="audio/mp3">
<source src="music.ogg" type="audio/ogg">
您的浏览器不支持 audio 标签。
</audio>
```

1.5.11　embed 元素

<embed> 元素定义嵌入的内容，比如插件。

在 HTML4 中，示例代码如下：

```
<object data="flash.swf" type="application/x-shockwave-flash"></object>
```

在 HTML5 中 embed 语法格式如下：

```
<embed src="helloworld.swf" />
```

1.5.12　mark 元素

<mark> 元素主要突出显示部分文本。

在 HTML4 中，span 元素与 mark 元素具有相同功能，其语法格式如下：

```
<span>...</span>
```

示例代码如下：

```
<span>HTML4 技术的运用 </span>
```

在 HTML5 中 mark 元素的语法格式如下：

```
<mark>...</mark>
```

示例代码如下：

```
<mark>HTML5 技术的运用 </mark>
```

1.5.13 progress 元素

<progress> 元素表示运行中的进程，可以使用 progress 元素显示 JavaScript 中耗费时间函数的进程。

在 HTML5 中 progress 元素的语法格式如下：

```
<progress></progress>
```

progress 元素是 HTML5 中新增的元素，HTML4 中没有相应的元素来表示。

1.5.14 meter 元素

<meter> 元素表示度量衡，仅用于已知最大值和最小值的度量。

在 HTML5 中 meter 元素的语法格式如下：

```
<meter></meter>
```

meter 元素是 HTML5 中新增的元素，HTML4 中没有相应的元素来表示。

1.5.15 time 元素

<time> 元素表示日期和时间。

在 HTML5 中 time 元素的语法格式如下：

```
<time></time>
```

time 元素是 HTML5 中新增的元素，HTML4 中没有相应的元素来表示。

1.5.16 wbr 元素

<wbr> (Word Break Opportunity) 元素规定在文本中的何处适合添加换行符。

在 HTML5 中 wbr 元素的语法格式如下：

```
<p> 尝试缩小浏览器窗口，以下段落的 "XMLHttpRequest" 单词会被分行：</p>
<p> 学习 AJAX，您必须熟悉 <wbr>Http<wbr>Request 对象。</p>
```

```
<p><b> 注意: </b> IE 浏览器不支持 wbr 标签。</p>
```

wbr 元素是 HTML5 中新增的元素, HTML4 中没有相应的元素来表示。

1.5.17 canvas 元素

<canvas> 元素用于定义图形, 如图表和其他图像, 必须使用脚本来绘制图形。

在 HTML5 中 canvas 元素的语法格式如下:

```
<canvas id="myCanvas" width="500" height="500"></canvas>
```

canvas 元素是 HTML5 中新增的元素, HTML4 中没有相应的元素来表示。

1.5.18 command 元素

<command> 元素可以定义用户可能调用的命令(比如单选按钮、复选框)。

在 HTML5 中 command 元素的语法格式如下:

```
<command onclick="cut()" label="cut"/>
```

command 元素是 HTML5 中新增的元素, HTML4 中没有相应的元素来表示。

1.5.19 datalist 元素

<datalist> 元素规定了 <input> 元素可能的选项列表。

datalist 元素通常与 input 元素配合使用。

在 HTML5 中 datalist 元素的语法格式如下:

```
<input list="browsers">
<datalist id="browsers">
<option value="Internet Explorer">
<option value="Firefox">
<option value="Chrome">
<option value="Opera">
<option value="Safari">
</datalist>
```

datalist 元素是 HTML5 中新增的元素, HTML4 中没有相应的元素来表示。

1.5.20 details 元素

<details> 元素规定了用户可见的或者隐藏的需求的补充细节。

<details> 元素是用于供用户开启关闭的交互式控件。任何形式的内容都能被放在

<details> 元素里边。

<details> 元素的内容对用户是不可见的，除非设置了 open 属性。

在 HTML5 中 details 元素的语法格式如下：

```
<details>
<summary>Copyright 1999-2011.</summary>
<p> - by Refsnes Data. All Rights Reserved.</p>
<p>All content and graphics on this web site are the property of the          company Refsnes </p>
</details>
```

details 元素是 HTML5 中新增的元素，HTML4 中没有相应的元素来表示。

1.5.21　datagrid 元素

<datagrid> 元素表示可选数据的列表，它以树形列表的形式显示。

在 HTML5 中 datagrid 元素的语法格式如下：

```
<datagrid>...</datagrid>
```

datagrid 元素是 HTML5 中新增的元素，HTML4 中没有相应的元素来表示。

1.5.22　keygen 元素

<keygen> 元素用于生成密钥。

在 HTML5 中 keygen 元素的语法格式如下：

```
< keygen name="security">
```

keygen 元素是 HTML5 中新增的元素，HTML4 中没有相应的元素来表示。

1.5.23　output 元素

<output> 元素表示不同类型的输出，例如脚本的输出。

在 HTML5 中 output 元素的示例代码如下：

```
<output></output>
```

在 HTML4 中的示例代码如下：

```
<span></span>
```

1.5.24　source 元素

<source> 元素用于为媒介元素定义媒介资源。

在 HTML5 中 source 元素的示例代码如下：

```
<source type="" src=""/>
```

在 HTML4 中的示例代码如下：

```
<param>
```

1.5.25 menu 元素

\<menu> 元素表示菜单列表，当希望列出表单控件时使用该标签。

在 HTML5 中 menu 元素的示例代码如下：

```
<menu>
<li>items01</li>
<li>items02</li>
</menu>
```

📁 1.6 课堂练习

通过对本章内容的学习，大体掌握了 HTML5 的基础知识，接下来完成一个简单的练习，其效果如图 1-3 所示。

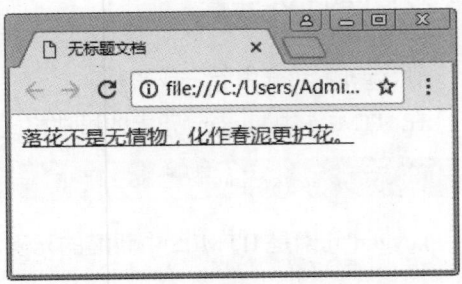

图 1-3

操作提示：

```
<!doctype html>
<html>
<head>
<meta charset="utf-8">
<title> 无标题文档 </title>
</head>
<body>
</body>
</html>
```

此段代码是 HTML5 的基础代码，图 1-3 的效果就是在此代码的基础上完成的。

 强化训练

以上小节讲解了 HTML5 中新增的知识点，其中有新增的结构性元素，本小节为大家准备了一个强化练习，运行效果如图 1-4 所示。

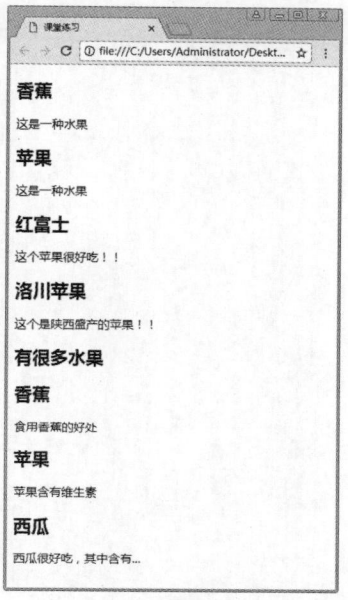

图 1-4

完整的代码如下：

```
<!DOCTYPE html>
<html lang="en">
<head>
    <meta charset="UTF-8">
    <title> 课堂练习 </title>
</head>
<body>
<!-- 通常不推荐没有标题内容使用 section 元素 -->
    <!-- 不要与 article 元素混淆 -->
    <section>
        <h1> 香蕉 </h1>
        <p> 这是一种水果 </p>
    </section>
    <article>
        <h1> 苹果 </h1>
        <p> 这是一种水果 </p>
        <section>
```

```
        <h2> 红富士 </h2>
        <p> 这个苹果很好吃！！ </p>
    </section>
    <section>
        <h2> 洛川苹果 </h2>
        <p> 这个是陕西盛产的苹果！！ </p>
    </section>
</article>
<!-- 注意 section 和 article 的区别 -->
<section>
    <h1> 有很多水果 </h1>
    <article>
        <h2> 香蕉 </h2>
        <p> 食用香蕉的好处 </p>
    </article>
    <article>
        <h2> 苹果 </h2>
        <p> 苹果含有维生素 </p>
    </article>
    <article>
        <h2> 西瓜 </h2>
        <p> 西瓜很好吃，其中含有 ...</p>
    </article>
</section>
</body>
</html>
```

第2章
文字和图片样式

HTML 5

内容概要

　　HTML 标签可以设置文字、图形、动画、声音、表格和链接等。本章内容涉及文字样式和图片样式。文字可以设置段落、字体的样式等；图片根据需求可以设置大小和样式等。

学习目标

◆ 掌握网页中文字样式的设置方法　　　　◆ 掌握网页中图片的插入方法
◆ 掌握网页中段落样式的设置方法　　　　◆ 掌握网页中图片样式的设置方法

知识导图

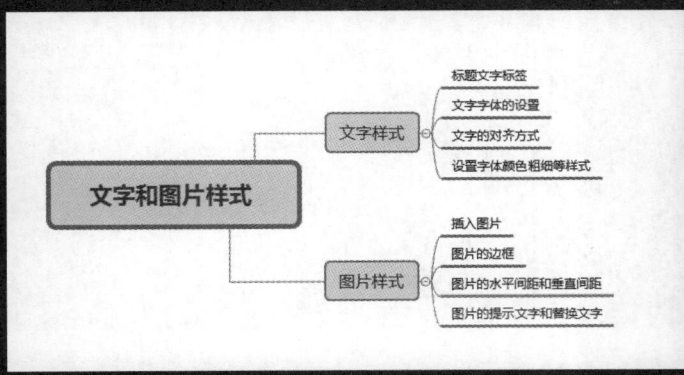

课时安排

◆ 理论知识 1 课时
◆ 上机练习 1 课时

2.1　网页中的文字和段落

如果想在网页中把文字有序地显示出来，就需要用到文字的属性标签。网页中的文字有多种形式，如倾斜、加粗、换行等，这些属性都可以进行设置。

2.1.1　标题文字标签

网页中的新闻或者文章都会有一个标题，那么怎么设置标题呢？很简单，只需要学会 <h> 标签的用法即可。

语法描述如下：

```
<h1>…</h1>
```

小试身手　文章的标题文字制作

<h1> 到 <h6> 标签用法示例代码如下：

```
<!doctype html>
<html>
<head>
<meta http-equiv="Content-Type" content="text/html; charset=utf-8" />
<title> 无标题文档 </title>
</head>
<body>
<h1> 标题 1</h1>
<h2> 标题 2</h2>
<h3> 标题 3</h3>
<h4> 标题 4</h4>
<h5> 标题 5</h5>
<h6> 标题 6</h6>
</body>
</html>
```

代码的运行效果如图 2-1 所示。

从上段代码可以看出，<h1> ～ <h6> 标签可以定义标题，<h1> 定义最大的标题，<h6> 定义最小的标题。

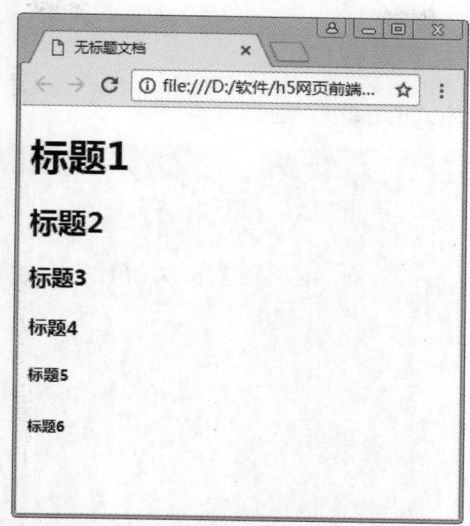

图 2-1

需要注意的是，文字加粗不要使用 h 标签，而是使用 b 标签。

2.1.2 标题文字的对齐方式

制作网页时，标题文字的对齐方式均为默认状态。使用其他对齐方式需要用到 align 属性，其属性值见表 2-1。

表 2-1 标题文字的对齐方式

属 性 值	含 义
Left	左对齐（默认对齐方式）
Center	居中对齐
Right	右对齐

语法描述如下：

```
align=" 对齐方式 "
```

小试身手　设置文字对齐方式

<align> 设置文字对齐方式的示例代码如下：

```
<!doctype html>
<html>
<head>
<meta http-equiv="Content-Type" content="text/html; charset=utf-8" />
<title> 无标题文档 </title>
</head>
<body>
<h1> 古诗词鉴赏 </h1>
<h2 align="center"> 清明 </h2>
<h3 align="center"> 杜牧 </h3>
<h4 align="left"> 清明时节雨纷纷，路上行人欲断魂。</h4>
<h4 align="right"> 借问酒家何处有，牧童遥指杏花村。</h4>
</body>
</html>
```

代码的运行效果如图 2-2 所示。

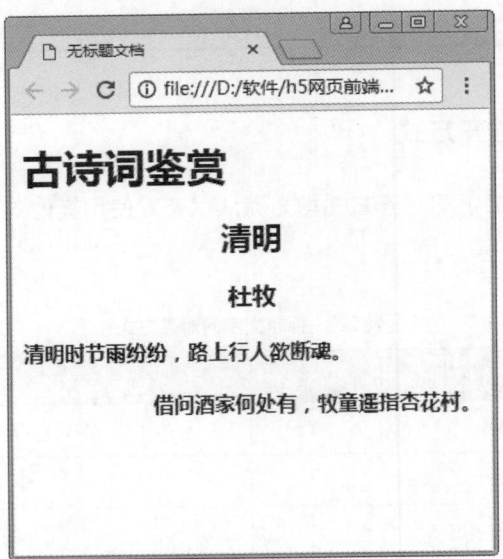

图 2-2

2.1.3　设置文字字体

在 HTML 语言中，可以通过 face 属性设置文字的不同字体效果，这些字体效果必须在浏览器中安装相应字体后才能浏览，否则会被浏览器中的通用字体替代。

语法描述如下：

```
<font face=" 字体 "> 应用了该字体的文字 </font>
```

小试身手　　选择喜欢的字体

<face> 标签示例代码如下：

```
<!doctype html>
<html>
<head>
<meta http-equiv="Content-Type" content="text/html; charset=utf-8" />
<title> 无标题文档 </title>
</head>
<body>
<h2 align="center"> 清明 </h2>
<h3 align="center"> 杜牧 </h3>
<font face=" 黑体 "> 清明时节雨纷纷，路上行人欲断魂。</font>
<font face=" 楷体 "> 借问酒家何处有，牧童遥指杏花村。</font>
</body>
</html>
```

代码的运行效果如图 2-3 所示。

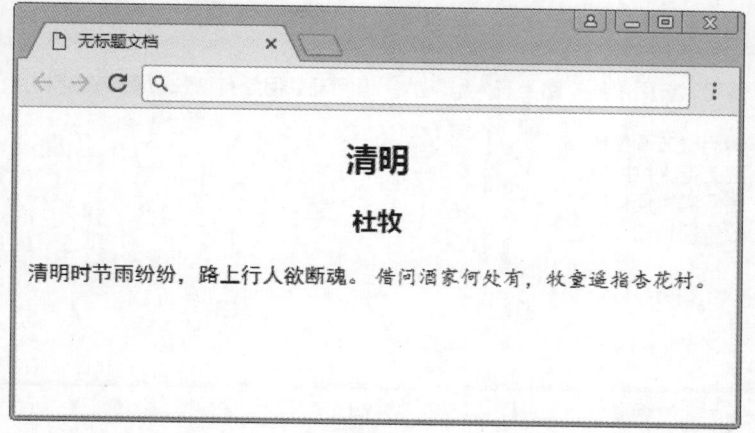

图 2-3

从上段代码可以看出文字分别被设置了"黑体"和"楷体"两种字体。

2.1.4　设置段落换行

在网页中，当出现很长一段文字的时候，为了浏览方便需要把文字换行。这里就需要用到换行标签
。

语法描述如下：

 此处换行

小试身手　　**强制换行的设置**

 标签的示例代码如下：

```
<!doctype html>
<html>
<head>
<meta http-equiv="Content-Type" content="text/html; charset=utf-8" />
<title> 无标题文档 </title>
</head>
<body>
<p> 清明时节雨纷纷，路上行人欲断魂。借问酒家何处有，牧童遥指杏花村。</p>
<p> 清明时节雨纷纷，<br> 路上行人欲断魂。<br> 借问酒家何处有，<br> 牧童遥指杏花村。</p>
</body>
</html>
```

代码的运行效果如图 2-4 所示。

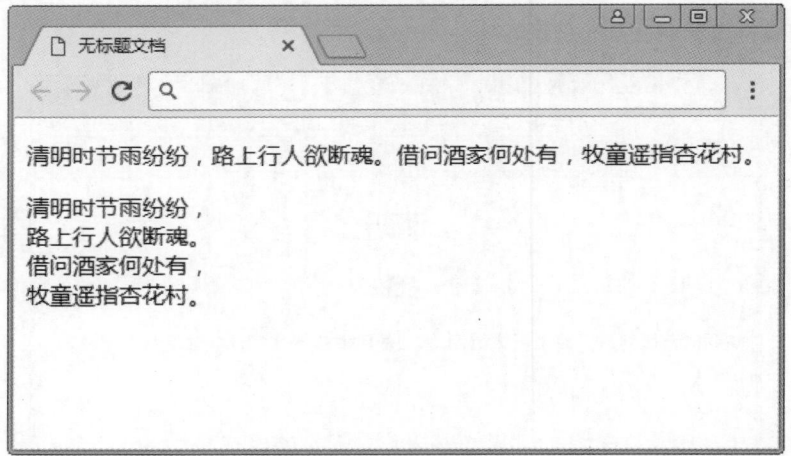

图 2-4

从以上代码中可以看出文字设置了换行之后更容易浏览。如果想要从文字的后面换行，可以在文字后面添加
 标签。

2.1.5　设置字体颜色

在网页中，五彩缤纷的文字颜色为文本增加了表现力。设置文字的颜色需要用到 <color> 标签。

语法描述如下：

```
<font color=" 颜色值 "></font>
```

小试身手 给文字设置色彩

<font color> 给文字设置颜色的示例代码如下：

```
<!doctype html>
<html>
<head>
<meta http-equiv="Content-Type" content="text/html; charset=utf-8" />
<title> 无标题文档 </title>
</head>
<body>
<h2 align="center"> 清明 </h2>
<h3 align="center"> 杜牧 </h3>
<font color="red"> 清明时节雨纷纷，路上行人欲断魂。</font>
<font color="green"> 借问酒家何处有，牧童遥指杏花村。</font>
</body>
</html>
```

代码的运行效果如图 2-5 所示。

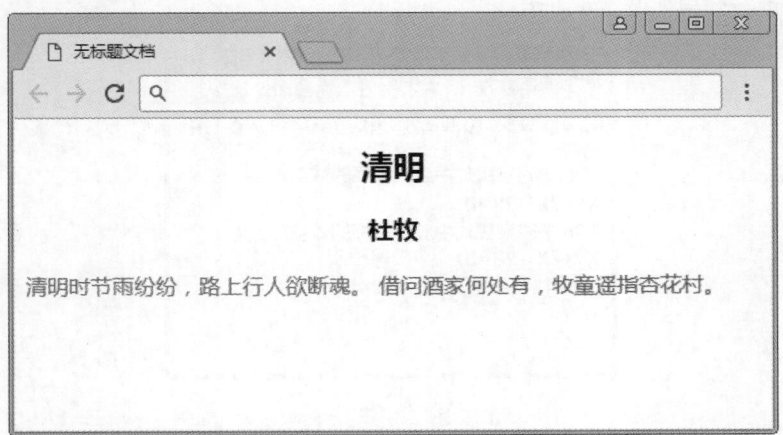

图 2-5

从上段代码可以看出给这一段文字分别设置了红色和绿色。

2.1.6　设置上标和下标

如果在设计网页时用到数学公式，就需要用到 <sup> 和 <sub> 标签。

语法描述如下：

```
<sup></sup> 上标标签
<sub></sub> 下标标签
```

🔧 **小试身手**　制作一个数学方程式

\<sup\> 和 \<sub\> 标签的示例代码如下：

```
<!doctype html>
<html>
<head>
<meta http-equiv="Content-Type" content="text/html; charset=utf-8" />
<title> 无标题文档 </title>
</head>
<body>
在数学的方程式中应用上标的效果 <br/>
X<sup>2</sup>+7X<sup>3</sup>-28=0<br/>
在数学的方程式中应用下标的效果 <br/>
X<sub>2</sub>+7X<sub>3</sub>-28=0
</body>
</html>
```

代码的运行效果如图 2-6 所示。

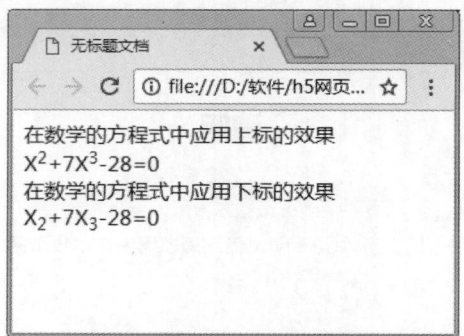

图 2-6

从以上代码可以看出上标和下标均出现在数学方程式中。

2.1.7　设置删除线

在网页中，可以通过 \<strike\> 属性给文字添加删除线效果。

语法描述如下：

```
<strike> 文字 </strike> 或者 <s> 文字 </s>
```

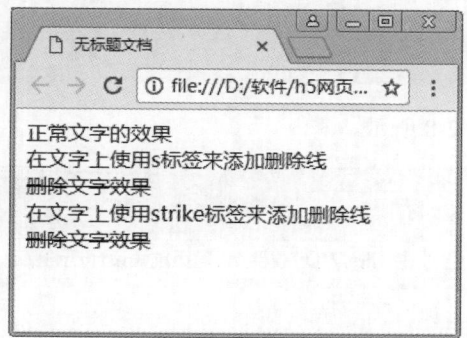 小试身手　让文字出现删除线的效果

<strike> 标签使用方法的示例代码如下：

```
<!doctype html>
<html>
<head>
<meta http-equiv="Content-Type" content="text/html; charset=utf-8" />
<title> 无标题文档 </title>
</head>
<body>
正常文字的效果 <br/>
在文字上使用 s 标签来添加删除线 <br/>
<s> 删除文字效果 </s><br/>
在文字上使用 strike 标签来添加删除线 <br/>
<strike> 删除文字效果 </strike>
</body>
</html>
```

代码的运行效果如图 2-7 所示。

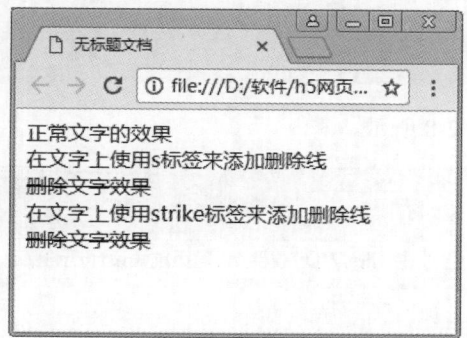

图 2-7

从上段代码可以看出两种标签的效果相同。

2.1.8　不换行标签用法

在网页中如果某段文字过长，就会由于浏览器的限制而自动换行，如果不想换行，就需要用到 <nobr> 标签。

语法描述如下：

```
<nobr> 不需换行文字 </nobr>
```

⚙ 小试身手 段落文字不换行的做法

<nobr> 标签使用方法的示例代码如下：

```
<!doctype html>
<html>
<head>
<meta http-equiv="Content-Type" content="text/html; charset=utf-8" />
<title> 无标题文档 </title>
</head>
<body>
<p> 床前明月光，<br> 疑是地上霜。<br> 举头望明月，<br> 低头思故乡。</p>
<p>
<nobr>
平淡的语言娓娓道来，如清水芙蓉，不带半点修饰。完全是信手拈来，没有任何矫揉造作之痕。本诗从 " 疑 " 到 " 举头 "，从 " 举头 " 到 " 低头 "，形象地表现了诗人的心理活动过程，一幅鲜明的月夜思乡图生动地呈现在我们面前。客居他乡的游子，面对如霜的秋月怎能不想念故乡、不想念亲人呢？如此一个千人吟、万人唱的主题却在这首小诗中表现得淋漓尽致，以至千年以来脍炙人口，流传不衰！

</nobr>
</p>
</body>
</html>
```

代码的运行效果如图 2-8 所示。

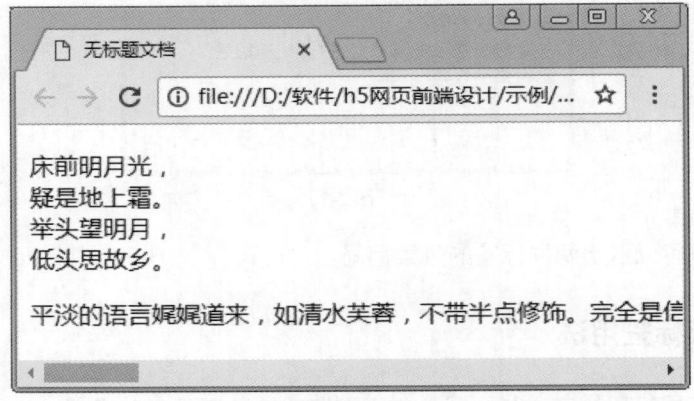

图 2-8

从上段代码可以看出一长段文字被强行不换行。

2.1.9　加粗标签的用法

在一段文字段落中，如果需要突出某句话，可以加粗文字。这时就会用到文字的加粗

标签 <b>。

语法描述如下：

```
<b> 需要加粗的文字 </b>
```

小试身手　让文字加粗显示

让文字加粗显示的代码如下：

```
<!doctype html>
<html>
<head>
<meta http-equiv="Content-Type" content="text/html; charset=utf-8" />
<title> 无标题文档 </title>
</head>
<body>
<p> 清明时节雨纷纷， </p>
<p> 路上行人欲断魂。 </p>
<p><b> 借问酒家何处有， </b></p>
<p> 牧童遥指杏花村。 </p>
</body>
</html>
```

代码的运行效果如图 2-9 所示。

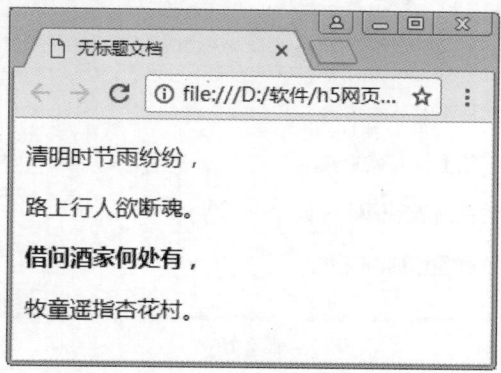

图 2-9

从上段代码可以看出"借问酒家何处有"被加粗了，显得比别的文字突出。

2.1.10　倾斜标签的用法

在一段文字中，如果需要对文字进行倾斜设置，就需要用到 <i> 标签的属性。浏览器将包含其中的文本以斜体字（italic）或倾斜（oblique）字体显示。

语法描述如下：

```
<i> 需要倾斜的文字 </i>
```

小试身手　　文字的倾斜方法

<i> 标签的示例代码如下：

```
<!doctype html>
<html>
<head>
<meta http-equiv="Content-Type" content="text/html; charset=utf-8" />
<title> 无标题文档 </title>
</head>
<body>
<p> 清明时节雨纷纷，</p>
<p> 路上行人欲断魂。</p>
<p><b> 借问酒家何处有，</b></p>
<p><i> 牧童遥指杏花村。</i></p>
</body>
</html>
```

代码的运行效果如图 2-10 所示。

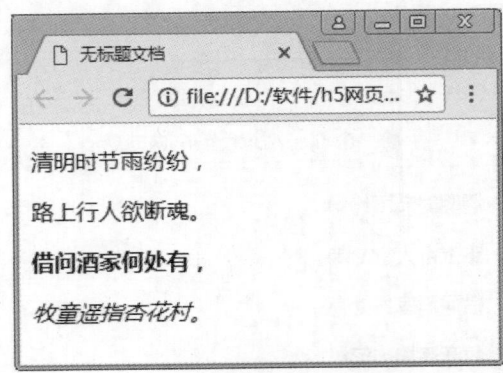

图 2-10

代码中把"牧童遥指杏花村"做了倾斜设置。

2.2　网页中的图片样式

图像是网页中必不可少的元素，在设计网页时使用图片更能吸引用户。美化网页最简单有效的方法就是添加图片，良好的图片运用能够成就优秀的设计。

2.2.1　图像格式

网页中的图像格式通常有三种，即 GIF、JPG 和 PNG。GIF 和 JPG 文件格式在多数浏览器中都可以兼容。PNG 格式灵活性较强，且文件比较小，适用于各种类型的网页。如果浏览器的版本较老，建议使用 GIF 或 JPG 格式的图片进行网页制作。

（1）JPG

JPG 全名是 JPEG。JPG 图片以 24 位颜色存储单个位图。JPG 是与平台无关的格式，支持最高级别的压缩，但这种压缩是有损耗的。渐进式 JPG 文件支持交错。

（2）GIF

GIF 分为静态 GIF 和动画 GIF 两种，扩展名为 .gif，是一种压缩位图格式，支持透明背景图像，适用于多种操作系统，"体型"很小，网上很多小动画都是 GIF 格式。GIF 将多幅图像保存为一个图像文件，从而形成动画，最常见的就是将一帧帧的动画串联起来的搞笑 GIF 图。GIF 只能显示 256 色。和 JPG 格式一样，是一种在网络上非常流行的图形文件格式。

（3）PNG

PNG 图像文件存储格式，其设计目的是试图替代 GIF 和 TIFF 文件格式，同时增加一些 GIF 文件格式所不具备的特性。PNG 的名称来源于"可移植网络图形格式 (Portable Network Graphic Format，PNG)"，也有一个非官方解释"PNG's Not GIF"，是一种位图文件 (bitmap file) 存储格式，读作"ping"。PNG 用来存储灰度图像时，深度可达 16 位，存储彩色图像时，深度可达 48 位，并且还可存储多达 16 位的 α 通道数据。PNG 使用从 LZ77 派生的无损数据压缩算法，一般应用于 Java 程序、网页或 S60 程序中，原因是其压缩比高，生成的文件体积小。

2.2.2　添加图片

在制作网页时，为了更加美观和吸引用户浏览，通常会插入一些图片进行美化。插入图片的标记只有一个 <img> 标签。

语法描述如下：

```
<img src=" 图片文件地址 ">
```

小试身手　　在网页中添加图片

<img> 标签使用方法的示例代码如下：

```
<!doctype html>
```

```
<html>
<head>
<meta http-equiv="Content-Type" content="text/html; charset=utf-8" />
<title> 无标题文档 </title>
<body>
<p>
黄昏美景，大自然的创作，令我陶醉。傍晚时，走在路上，向西望去，眼前一亮：太阳此时并不耀眼，透
着金色的光芒。
</p>
<img src="timg.jpg">
</body>
</html>
```

代码的运行效果如图 2-11 所示。

图 2-11

2.2.3 设置图像大小

如果不设置图片的大小，图片在网页中会以原始尺寸显示。原始尺寸如果过大或过小，就需要使用 <width> 和 <height> 属性来设置。

语法描述如下：

```
<img src=" 图像的位置 " width=" 图像的宽度 " height=" 图像的高度 ">
```

小试身手　　设置图像的大小

<width> 和 <height> 设置图像大小的示例代码如下：

```
<!doctype html>
```

```
<html>
<head>
<meta http-equiv="Content-Type" content="text/html; charset=utf-8" />
<title> 无标题文档 </title>
<body>
<p>
黄昏美景，大自然的创作，令我陶醉。傍晚时，走在路上，向西望去，眼前一亮：太阳此时并不耀眼，透
着金色的光芒。
</p>
<img src="timg.jpg" width="500" height="400">
</body>
</html>
```

代码的运行效果如图 2-12 所示。

图 2-12

从以上代码可以看出把图片设置为宽是 500 像素，高是 400 像素的属性。

2.2.4　设置图像边框

给图片添加边框可以突显图片，使用 <border> 标签即可实现。

语法描述如下：

```
<img src=" 图片位置 " border=" 边框粗细 ">
```

小试身手　　给图片设置边框的效果

<border> 属性的示例代码如下：

```
<!doctype html>
```

```
<html>
<head>
<meta http-equiv="Content-Type" content="text/html; charset=utf-8" />
<title> 无标题文档 </title>
<body>
<p>
黄昏美景，大自然的创作，令我陶醉。傍晚时，走在路上，向西望去，眼前一亮：太阳此时并不耀眼，透
着金色的光芒。
</p>
<img src="timg.jpg" width="500" height="400" border="5">
</body>
</html>
```

代码的运行效果如图 2-13 所示。

从上段代码可以看出图片被添加了像素为 5 的边框效果。

图 2-13

2.2.5　图像的水平间距

如果不使用
 标签或者 <p> 标签进行换行显示，那么添加的图像会紧跟在文字后面，可以通过 <hspace> 标签调整图像和文字之间的水平距离。

语法描述如下：

```
<img src=" 图片文件的位置 " hspace=" 水平间距 ">
```

小试身手 图像和文本水平间距的设置方法

\<hspace\> 示例代码如下:

```
<!doctype html>
<html>
<head>
<meta http-equiv="Content-Type" content="text/html; charset=utf-8" />
<title> 无标题文档 </title>
<body>
没有设置水平间距的美景图片
<img src="timg.jpg" width="100" height="80" border="2">
<img src="timg.jpg" width="100" height="80" border="2">
<img src="timg.jpg" width="100" height="80" border="2"><br/>
设置了水平间距的美景图片
<img src="timg.jpg" width="100" height="80" border="2" hspace="20">
<img src="timg.jpg" width="100" height="80" border="2" hspace="20">
<img src="timg.jpg" width="100" height="80" border="2" hspace="20">
</body>
</html>
```

代码的运行效果如图 2-14 所示。

从上段代码中可以看到,被换行了的文字和图片中间出现了水平的间距。

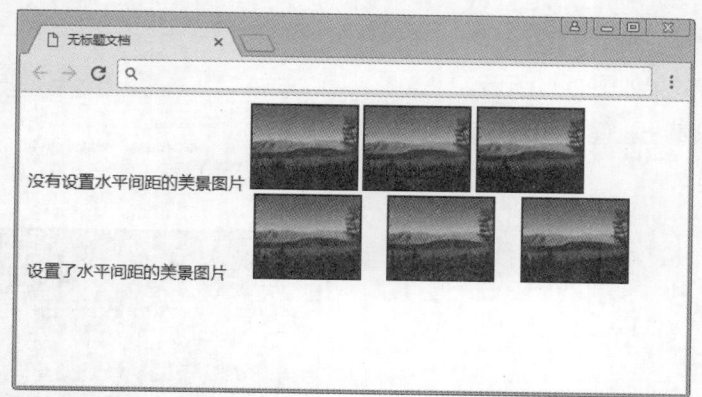

图 2-14

2.2.6 图像的垂直间距

图像和文字之间的垂直距离也是可以调整的,使用 \<vspace\> 标签即可实现,其能有效地避免文字图像拥挤的排版。

语法描述如下：

```
<img src=" 图片文件的位置 " vspace=" 垂直间距 ">
```

小试身手　图像和文本垂直间距的设置方法

<vspace> 的示例代码如下：

```
<!doctype html>
<html>
<head>
<meta http-equiv="Content-Type" content="text/html; charset=utf-8" />
<title> 无标题文档 </title>
<body>
<p>
黄昏美景，大自然的创作，令我陶醉。傍晚时，走在路上，向西望去，眼前一亮：太阳此时并不耀眼，透
着金色的光芒。
</p>
<img src="timg.jpg" width="500" height="400" border="5" vspace="60">
<p>
黄昏美景，大自然的创作，令我陶醉。傍晚时，走在路上，向西望去，眼前一亮：太阳此时并不耀眼，透
着金色的光芒。
</p>
</body>
</html>
```

代码的运行效果如图 2-15 所示。

从图中可以看出，图像和上下两段文字之间出现了间距。

图 2-15

2.2.7 图像的提示文字

设置文件的提示文字有两个作用：一是当浏览网页时，如果图像没有被下载，在图像的位置会看到提示文字；二是当浏览网页时，图片下载完成，当鼠标指针放在图片上时会出现提示文字。使用 <title> 标签可实现这一功能。

语法描述如下：

```
<img scr=" 图片位置 " title=" 提示文字 ">
```

小试身手 设置图片的提示文字

<title> 标签的示例代码如下：

```
<!doctype html>
<html>
<head>
<meta http-equiv="Content-Type" content="text/html; charset=utf-8" />
<title> 无标题文档 </title>
<body>
<p>
黄昏美景，大自然的创作，令我陶醉。傍晚时，走在路上，向西望去，眼前一亮：太阳此时并不耀眼，透着金色的光芒。
</p>
<img src="timg.jpg" width="500" height="400" title=" 美景 ">
</body>
</html>
```

代码的运行效果如图 2-16 所示。

从图中可以看出鼠标放在图像上出现了提示文字。

图 2-16

2.2.8 图像的替换文字

当图片路径或者下载出现问题时，图片无法显示，这时可通过 <alt> 标签在图片位置显示替换文字。

语法描述如下：

```
<img scr=" 图片位置 " alt=" 提示文字 ">
```

小试身手 设置图像的替换文字

<alt> 的示例代码如下：

```
<!doctype html>
<html>
<head>
<meta http-equiv="Content-Type" content="text/html; charset=utf-8" />
<title> 无标题文档 </title>
<body>
<p>
黄昏美景，大自然的创作，令我陶醉。傍晚时，走在路上，向西望去，眼前一亮：太阳此时并不耀眼，透着金色的光芒。
</p>
<img src="timg.jpg" width="500" height="400" alt=" 美景 ">
</body>
</html>
```

代码的运行效果如图 2-17 所示。

从图中可以看到，图片的路径出现问题时会显示提示文字。

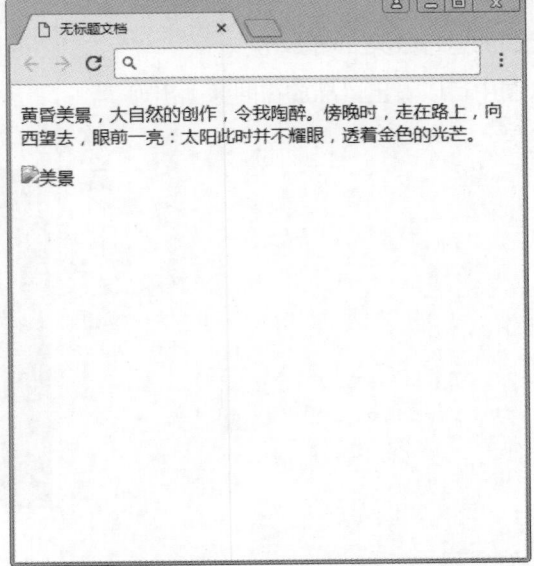

图 2-17

2.2.9　图片相对于文字的对齐方式

<img> 标签和 <align> 标签分别定义了图像相对于周围元素的水平对齐方式和垂直对齐方式。水平对齐方式有 right 和 left 两种，垂直对齐方式有 top、bottom 和 middle 三种。

语法描述如下：

```
<img scr=" 图片位置 " align=" 对齐方式 ">
```

小试身手　文字和图片的对齐方式

<img> 和 <align> 示例代码如下：

```
<!doctype html>
<html>
<head>
<body class="txt">
<h3> 未设置对齐方式的图片： <h3>
<p> 图像 <img src=" timg.jpg" width="80" height="62"> 在文本中 </p>
<h3> 已设置对齐方式的图像： </h3>
<p> 图像 <img src=" timg.jpg" width="80" height="62" align="bottom"> 在文本中 </p>
<p> 图像 <img src =" timg.jpg " width="80" height="62" align="middle"> 在文本中 </p>
<p> 图像 <img src =" timg.jpg" width="80" height="62" align="top"> 在文本中 </p>
</body>
</html>
```

代码的运行效果如图 2-18 所示。

从图中可以看出图片和文字上、中、下三种对齐方式。

图 2-18

2.2.10　为图片添加超链接

为图片添加超链接的方法很简单，用 <a> 标签即可完成。

语法描述如下：

```
<a href=" 链接地址 "><img src=" 图片的地址 "></a>
```

小试身手　图片的超链接添加方法

<a> 的示例代码如下：

```
<!doctype html>
<html>
<head>
<meta http-equiv="Content-Type" content="text/html; charset=utf-8" />
<title> </title>
<body>
<p>
黄昏美景，大自然的创作，令我陶醉。傍晚时，走在路上，向西望去，眼前一亮：太阳此时并不耀眼，透着金色的光芒。
</p>
<a href="#"><img src="timg.jpg" width="500" height="400" alt=" 美景 "></a>
</body>
</html>
```

代码的运行效果如图 2-19 所示。

从图中可以看到一个超链接的标志，此时超链接已添加成功。

图 2-19

2.3　课堂练习

本节的课堂练习是为图片自动填充背景效果，无论浏览器的页面设置为多少，图像始终自动填充整个背景。按照如图 2-20 所示的效果进行制作。

图 2-20

图 2-20 效果的代码如下：

```
<span style="font-size:14px;">
<!DOCTYPE html PUBLIC "-//W3C//DTD HTML 4.01 Transitional//EN" "http://www.w3.org/TR/html4/loose.dtd">
<html>
<head>
<meta http-equiv="Content-Type" content="text/html; charset=UTF-8">
<title>2-21.html</title>

<style type="text/css">
body {
    margin: 0;
    background-color: #22C3AA;
}
</style>

</head>
<body>
<div id="Layer1" style="position:absolute; width:100%; height:100%; background-color: #22C3AA; z-index:-1" >
<img src="timg.jpg" height="100%" width="100%"/>
</div>

</body>
</html>
</span>
```

强化训练

本章学习了文字和图片的一些简单样式。在网页中经常看到文字闪烁和运动的效果，下面的练习就运用到了文字特效。效果如图 2-21 所示。

图中的文字是非常炫酷的火焰效果。

提示代码如下：

图 2-21

```
<script>
;(function() {

 'use strict';

 var c = document.getElementById('c');
 var ctx = c.getContext('2d');
 var w = c.width = window.innerWidth;
 var h = c.height = window.innerHeight;
 var img;
 var loc = [];
 var P = function(x, y, h) {
  this.x = x;
  this.y = y;
  this.ox = x;
  this.oy = y;
  this.h = h;
  this.r = 3 + Math.random() * 5;
  this.vx = Math.random() * 2 - 1;
  this.vy = -1 + Math.random() * -2;
  this.a = 1;
  this.as = 0.6 + Math.random() * 0.1;
  this.s = 1;
  this.ss = 0.98;
 };
 P.prototype = {
  constructor: P,
```

```
    update: function() {
      this.x += this.vx;
      this.y += this.vy;
      this.a *= this.as;
      this.s *= this.ss;
      this.h += 0.5;

      if(this.y < 0 || this.a < 0.01 || this.s < 0.01) {
        this.x = this.ox;
        this.y = this.oy;
        this.a = 1;
        this.s = 1;

        this.r = 3 + Math.random() * 5;
        this.vx = Math.random() * 2 - 1;
        this.vy = -1 + Math.random() * -2;
        this.as = 0.6 + Math.random() * 0.1;
      }

    },
    render: function(ctx) {
      ctx.save();
      ctx.fillStyle = 'hsla(' + this.h + ', 100%, 50%,' + this.a + ')';
      ctx.translate(this.x, this.y);
      ctx.scale(this.s, this.s);
      ctx.beginPath();
      ctx.arc(0, 0, this.r, 0, Math.PI * 2);
      ctx.fill();
      ctx.restore();
    }
};

ctx.font = '70px Arial';
ctx.textAlign = 'center';
ctx.baseline = 'middle';

ctx.fillText( 'COME ON BABY' , w / 2, h / 2 + 50);
img = ctx.getImageData(0, 0, w, h).data;

ctx.clearRect(0, 0, w, h);

for(var y = 0; y < h; y += 1) {
  for(var x = 0; x < w; x += 1) {
    var idx = (x + y * w) * 4 - 1;
    if(img[idx] > 0) {
      loc.push({
```

```
        x: x,
        y: y
      });
    }
  }
}

var ctr = 800;
var ps = [];
var h = Math.random() * 360;

for(var i = 0; i < ctr; i++) {
  var lc = loc[Math.floor(Math.random() * loc.length)];
  var p = new P(lc.x, lc.y, h);
  ps.push(p);
}

requestAnimationFrame(function loop() {
  requestAnimationFrame(loop);

  ctx.globalCompositeOperation = 'source-over';
  ctx.fillStyle = 'rgba(0, 0, 0, 0.1)';
  ctx.fillRect(0, 0, window.innerWidth, window.innerHeight);

  ctx.globalCompositeOperation = 'lighter';

  for(var i = 0, len = ps.length; i < len; i++) {
    p = ps[i];
    p.update();
    p.render(ctx);
  }
});

})();
</script>
```

第3章
HTML中列表的样式

HTML
5

内容概要

　　列表类型包括无序列表、有序列表和定义列表。无序列表使用项目符号标记无序项目，有序列表则使用编号记录项目的顺序。此外，还可以进行表格的嵌套设置，这些在本章中都有介绍。

学习目标

◆ 了解列表的几种表现形式
◆ 学会有序列表和无序列表的应用方向
◆ 掌握列表的嵌套方法

知识导图

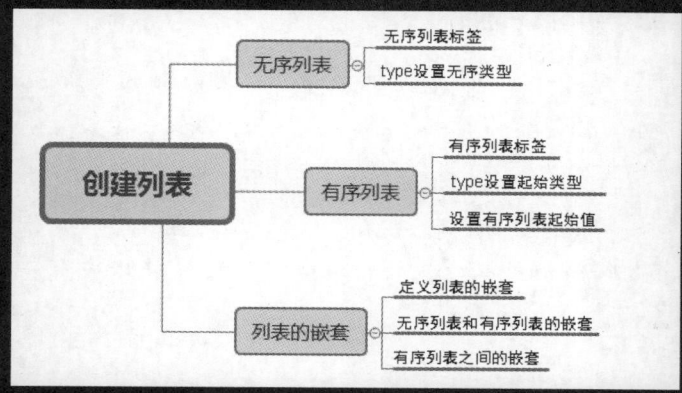

课时安排

◆ 理论知识 1 课时
◆ 上机练习 1 课时

3.1 使用无序列表

在无序列表中，各个列表项之间没有顺序级别之分，通常使用一个项目符号作为每个列表项前缀。无序列表主要使用 <ul><dir><dl><menu><li> 标签和 <type> 属性。

3.1.1 ul 标签

无序列表的特征是提供一种不编号的列表方式，而在每一个项目文字之前用符号作为标记。

语法描述如下：

```
<ul>
<li> 第 1 项 </li>
<li> 第 2 项 </li>
<li> 第 3 项 </li>
</ul>
```

上述语法中，使用 <ul> 的开始和结束标签表示无序列表的开始和结束，而 <li> 标签表示的是列表项，一个无序列表可以包含多个列表项。

小试身手   无序列表的基础标签

<ul> 标签使用方法的示例代码如下：

```
<!doctype html>
<html>
<head>
<meta http-equiv="Content-Type" content="text/html; charset=utf-8" />
<title> 无序列表 </title>
</head>
<body>
<font size="+3" color="#006699"> 列表的分类：</font><br/><br/>
<ul>
<li> 无序列表 </li>
<li> 有序列表 </li>
<li> 定义列表 </li>
</ul>
</body>
</html>
```

代码的运行效果如图 3-1 所示。

从代码和图中可以看到，该列表一共包含 3 个列表项。

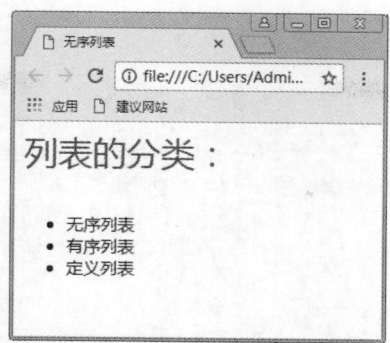

图 3-1

3.1.2　type 无序列表类型

默认情况下，无序列表的项目符号为实心圆，通过 type 参数可以调整无序列表的项目符号，避免列表符号的单调。

类型值代表的列表符号如下：

◎ Disc: 实心圆形。

◎ Circle: 空心圆形。

◎ Square: 实心正方形。

语法描述如下：

```
<ul type= 符号类型 >
<li> 第 1 项 </li>
<li> 第 2 项 </li>
<li> 第 3 项 </li>
</ul>
```

小试身手　设置无序列表的项目符号

type 值的示例代码如下：

```
<!doctype html>
<html>
<head>
<meta http-equiv="Content-Type" content="text/html; charset=utf-8" />
<title> 无序列表 </title>
</head>
<body>
<font size="+3" color="#006699"> 列表的分类： </font><br/><br/>
<ul type="circle">
<li> 无序列表 </li>
```

```
<li> 有序列表 </li>
<li> 定义列表 </li>
</ul>
<hr color="red" size="2"/>
<font size="+3" color="#006699"> 列表的分类： </font><br/><br/>
<ul type="square">
<li> 无序列表 </li>
<li> 有序列表 </li>
<li> 定义列表 </li>
</ul>
</body>
</html>
```

代码的运行效果如图 3-2 所示。

在上述代码中可以看出除了默认的列表项目符号之外，还显示了另外两种列表项目符号的效果。

当然，<type> 也可以在 <li> 标签中定义无序列表的类型，这样定义的结果就是对单个项目进行定义。

图 3-2

语法描述如下：

```
<li type= 符号类型 >
```

<type> 的示例代码如下：

```
<!doctype html>
<html>
<head>
<meta http-equiv="Content-Type" content="text/html; charset=utf-8" />
<title> 无序列表 </title>
</head>
<body>
<font size="+3" color="#006699"> 列表的分类： </font><br/><br/>
<ul>
<li type="circle"> 无序列表 </li>
<li type="square"> 有序列表 </li>
```

```
<li> 定义列表 </li>
</ul>
</body>
</html>
```

代码的运行效果如图 3-3 所示。

从上面代码可以看出，分别给第一个和
第二个列表设置了项目符号。

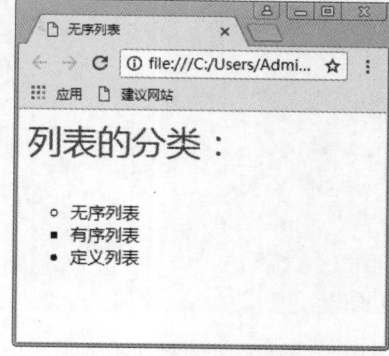

图 3-3

 3.2 使用有序列表

在有序列表中，各个列表项使用编号而不是符号来进行排列。列表中的项目通常都有
先后顺序性。一般都是采用数字或者字母作为顺序号。在有序列表中，主要使用 <ol> 和
<li> 两个标记及 <type> 和 <start> 两个属性。

3.2.1 ol 标签

<ol> 标签语法描述如下：

```
<ol>
<li> 第 1 项 </li>
<li> 第 2 项 </li>
<li> 第 3 项 </li>
</ol>
```

在上面的语法中，<ol> 和 </ol> 标记标志着有序列表的开始和结束，而 <li> 标记表示
这是一个列表项的开始，默认情况下，采用数字序号进行排列。

小试身手 有序列表的标签

<ol> 标签的示例代码如下：

```
<!doctype html>
<html>
```

```
<head>
<meta http-equiv="Content-Type" content="text/html; charset=utf-8" />
<title> 有序列表 </title>
</head>
<body>
<font size="+3" color="#006699"> 列表的分类： </font><br/><br/>
<ol>
<li> 无序列表 </li>
<li> 有序列表 </li>
<li> 定义列表 </li>
</ol>
</body>
</html>
```

代码的运行效果如图 3-4 所示。

从图中可以看出，默认情况下显示为数字。

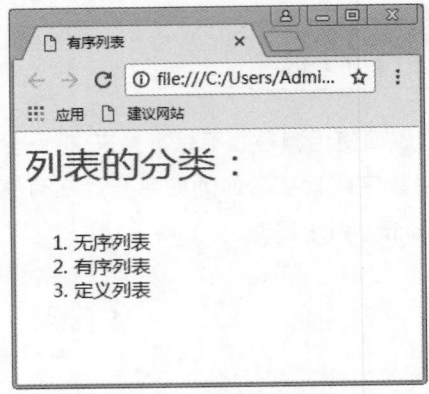

图 3-4

3.2.2 type 有序列表类型

默认情况下，有序列表的序号是数字，通过 <type> 属性可以调整序号的类型，如将其修改成字母等。

语法描述如下：

```
<ol type= 序号类型 >
<li> 第 1 项 </li>
<li> 第 2 项 </li>
<li> 第 3 项 </li>
</ol>
```

小试身手　　设置有序列表的序号类型

<type> 设置序号类型的示例代码如下：

```
<!doctype html>
<html>
<head>
<meta http-equiv="Content-Type" content="text/html; charset=utf-8" />
<title> 有序列表 </title>
</head>
<body>
<font size="+3" color="#006699"> 列表的分类： </font><br/><br/>
<ol type="a">
<li> 无序列表 </li>
<li> 有序列表 </li>
<li> 定义列表 </li>
</ol>
<hr color="red" size="2"/>
<font size="+3" color="#006699"> 列表的分类： </font><br/><br/>
<ol type="I">
<li> 无序列表 </li>
<li> 有序列表 </li>
<li> 定义列表 </li>
</ol>
</body>
</html>
```

代码的运行效果如图 3-5 所示。

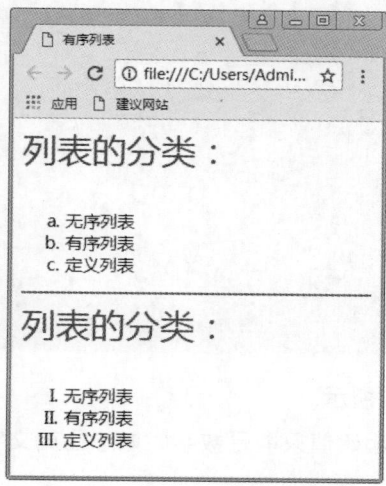

图 3-5

3.2.3　start 有序列表的起始值

默认情况下，有序列表的列表项是从数字 1 开始的，通过 start 参数可以调整起始数值。这个数值可以对数字、英文字母和罗马数字起作用。

语法描述如下：

```
<ol start= 起始数值 >
<li> 第 1 项 </li>
<li> 第 2 项 </li>
<li> 第 3 项 </li>
</ol>
```

小试身手　设置有序列表的起始值

<Start> 设置起始值的示例代码如下：

```
<!doctype html>
<html>
<head>
<meta http-equiv="Content-Type" content="text/html; charset=utf-8" />
<title> 有序列表 </title>
</head>
<body>
<font size="+3" color="#006699"> 列表的分类： </font><br/><br/>
<ol type="A" start="4">
<li> 无序列表 </li>
<li> 有序列表 </li>
<li> 定义列表 </li>
</ol>
<hr color="red" size="2"/>
<font size="+3" color="#006699"> 列表的分类： </font><br/><br/>
<ol start="3">
<li> 无序列表 </li>
<li> 有序列表 </li>
<li> 定义列表 </li>
</ol>
</body>
</html>
```

代码的运行效果如图 3-6 所示。

从上段代码可以看出，起始值只能是数字。如想让英文字母从 "B" 开始，起始值就要输入 "2"。

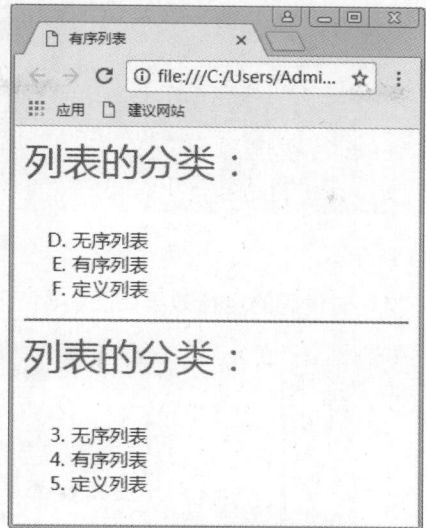

图 3-6

还可以动态地设置列表编号。在下面的示例中，通过 <ol> 元素创建一个小说阅读量排名，并添加选项列表中的内容，再添加一个设置开始值的文本框和一个"确定"按钮，将数值填入文本框中，单击"确定"按钮，将以文本框中的值为列表项进行编号，以显示小说阅读量的排名。

<start> 的示例代码如下：

```
<html>
<meta http-equiv="content-type" content="text/html;charset=gb2312">
<head>
<title>ol 列表的使用 </title>
<link href="Css/css1.css" rel="stylesheet" type="text/css">
<script type="text/javascript" async>
function click1(){
var num=document.getElementById("te").value;
var div=document.getElementById("list");
div.setAttribute("start",num);
}
</script>
</head>
<body>
<h3> 小说阅读量 </h3>
<ol id="list">
<li> 斗破苍穹 </li>
<li> 盗墓笔记 </li>
<li> 逆鳞 </li>
```

```
</ol>
<h5> 设置开始值 </h5>
<input type="text" id="te" class="tt" style="width:60px" />
<input type="button" value=" 确定 " class="bb" onClick="click1();">
</body>
</html>
```

代码的运行效果如图 3-7 所示。

当在文本框中输入数字 "4" 时代码的运行效果如图 3-8 所示。

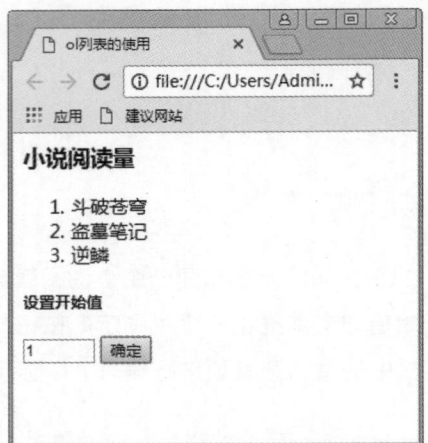

图 3-7

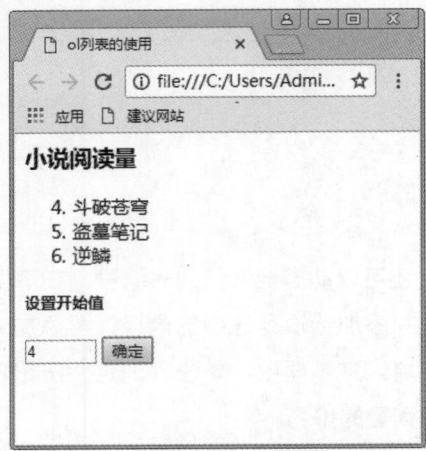

图 3-8

3.2.4　dl 定义列表标签

在 HTML 中还有一种列表标记，称为定义列表，不同于前两种列表，它主要用于解释名词，并包含两个层次的列表，第一层是需要解释的名词，第二层是具体的解释。

语法描述如下：

```
<dl>
<dt> 名词 1<dd> 解释 1
<dt> 名词 2<dd> 解释 2
<dt> 名词 3<dd> 解释 3
</dl>
```

在上面的语法中，<dt> 后面就是要解释的名词，在 <dd> 后面则是该名词的具体解释。

 小试身手　　制作一个选择列表

<dt> 的示例代码如下：

```
<!doctype html>
```

```html
<html>
<head>
<meta http-equiv="Content-Type" content="text/html; charset=utf-8" />
<title> 有序列表 </title>
</head>
<body>
<font size="+3" color="#006699"> 下列选项中的中国四大美女谁出生的最早 </font><br/><br/>
<ol type="A">
<li> 西施浣纱 </li>
<li> 昭君出塞 </li>
<li> 貂蝉拜月 </li>
<li> 贵妃醉酒 </li>
</ol>
<hr color="#993366" size="3"/>
<dl>
<dt>A：西施，名夷光，春秋时期越国人，出生于浙江诸暨苎萝山村。西施是中国古代四大美人之一，又称西子。天生丽质。当时越国称臣于吴国，越王勾践卧薪尝胆，谋复国。在国难当头之际，西施忍辱负重，以身救国，与郑旦一起被越王勾践献给吴王夫差，成为吴王最宠爱的妃子，乱吴宫，以霸越。施夷光世居越国苎萝。</dd>
<br/><br/>
<dt>B：王昭君，西汉时期，姓王名嫱，南郡秭归人。匈奴呼韩邪单于阏氏。她是汉元帝时以 " 良家子 " 入选掖庭的。时，呼韩邪来朝，帝敕以五女赐之。王昭君入宫数年，不得见御，积悲怨，乃请掖庭令求行。呼韩邪临辞大会，帝召五女以示之。昭君 " 丰容靓饰，光明汉宫，顾影徘徊，竦动左右。帝见大惊，意欲留之，而难于失信，遂与匈奴。</dd>
<br/><br/>
<dt>C：貂蝉，山西忻州人。是东汉末年司徒王允的歌女，国色天香，有倾国倾城之貌，见东汉王朝被奸臣董卓所操纵，於月下焚香祷告上天，愿为主人分忧。王允眼看董卓将篡夺东汉王朝，设下连环计。王允先把貂蝉暗地里许给吕布，再明把貂蝉献给董卓。吕布英雄年少，董卓老奸巨猾。为了拉拢吕布，董卓收吕布为义子。二人都是好色之人。从此以後，貂蝉周旋於此二人之间，送吕布於秋波，报董卓於妖媚。把二人撩拨得神魂颠倒。 </dd>
<br/><br/>
<dt>D：开元二十二年七月 (734 年 )，唐玄宗的女儿咸宜公主在洛阳举行婚礼，杨玉环也应邀参加。咸宜公主之胞弟寿王李瑁对杨玉环一见钟情，唐玄宗在武惠妃的要求下当年就下诏册立她为寿王妃。婚后，两人甜美异常。后又受令出家，天宝四载（745 年），杨氏正式被玄宗册封为贵妃。天宝十五载（756 年），安禄山发动叛乱，玄宗西逃四川，杨氏在陕西兴平马嵬驿死于乱军之中，葬于马嵬坡。</dd>
<br/>
</dl>
</body>
</html>
```

代码的运行效果如图 3-9 所示。

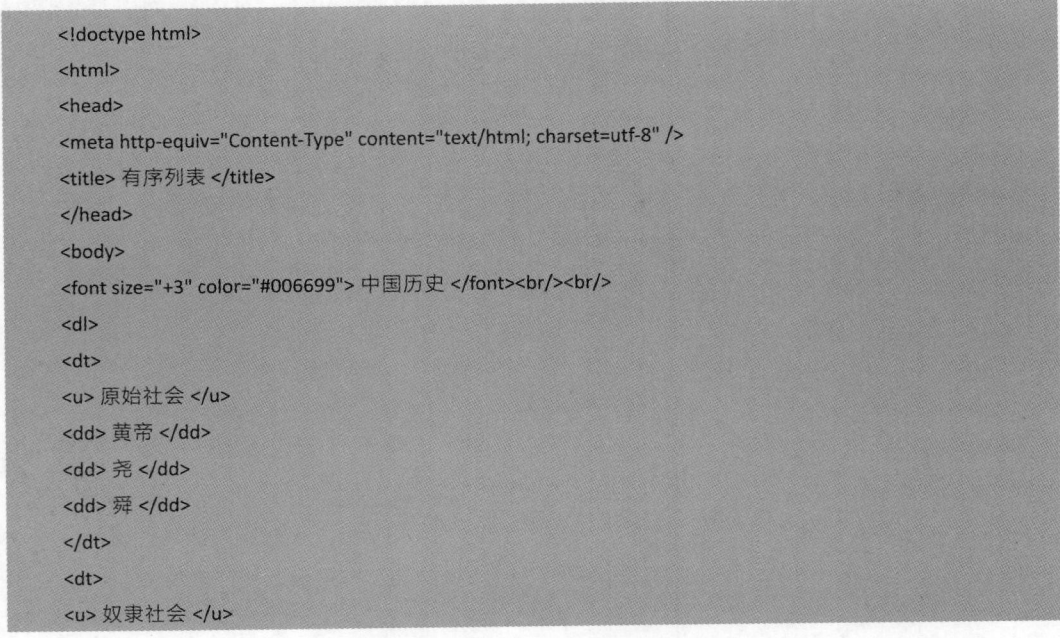

图 3-9

另外，在定义列表中，一个 <dt> 标签可以有多个 <dd> 标签作为名词解释和说明，下面就是一个在 <dt> 下有多个 <dd> 的示例。

示例代码如下：

```
<!doctype html>

<html>

<head>

<meta http-equiv="Content-Type" content="text/html; charset=utf-8" />

<title> 有序列表 </title>

</head>

<body>

<font size="+3" color="#006699"> 中国历史 </font><br/><br/>

<dl>

<dt>

<u> 原始社会 </u>

<dd> 黄帝 </dd>

<dd> 尧 </dd>

<dd> 舜 </dd>

</dt>

<dt>

<u> 奴隶社会 </u>
```

```
<dd> 夏 </dd>

<dd> 商 </dd>

<dd> 周 </dd>

</dt>

<dt>

<u> 封建社会 </u>

<dd> 秦 </dd>

<dd> 汉 </dd>

<dd> 隋 </dd>

<dd> 唐 </dd>

<dd> 宋 </dd>

<dd> 元 </dd>

<dd> 明 </dd>

<dd> 清 </dd>

</dt>

</dl>

</body>

</html>
```

代码的运行效果如图 3-10 所示。

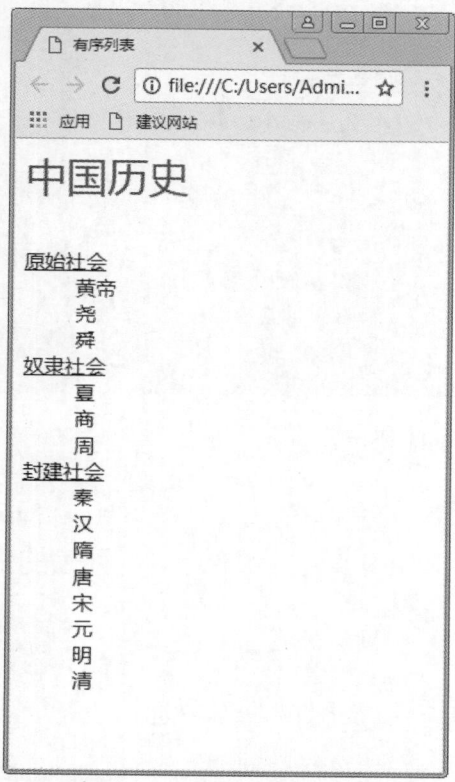

图 3-10

3.2.5　menu 菜单列表

菜单列表主要用于设计单列的菜单列表。菜单列表在浏览器中的显示效果和无序列表是相同的，因此它的功能也可以通过无序列表实现。

语法描述如下：

```
<menu>
<li> 第 1 项 </li>
<li> 第 2 项 </li>
<li> 第 3 项 </li>
</menu>
```

 小试身手　制作一个菜单列表

示例代码如下：

```
<!doctype html>
<html>
<head>
<meta http-equiv="Content-Type" content="text/html; charset=utf-8" />
<title> 菜单列表 </title>
</head>
<body>
<font size="+3" color="#006699"> 列表的分类： </font><br/><br/>
<menu>
<li> 无序列表 </li>
<li> 有序列表 </li>
<li> 定义列表 </li>
</menu>
</body>
</html>
```

代码的运行效果如图 3-11 所示。

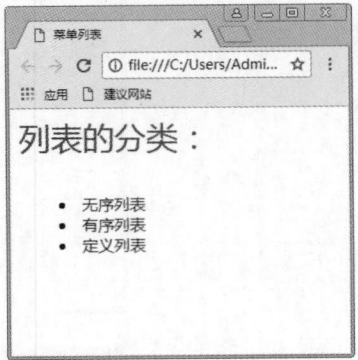

图 3-11

3.2.6　color 设置列表文字颜色

在创建列表时，可以单独设置列表中文字的颜色。这里可以直接对文字颜色进行设置。
语法描述：

```
<li><font color=" 颜色值 "> 列表项 </font></li>
```

 小试身手　给列表的文字设置颜色

设置列表的文字颜色的示例代码如下：

```
<!doctype html>
<html>
<head>
<meta http-equiv="Content-Type" content="text/html; charset=utf-8" />
<title> 列表字体颜色 </title>
</head>
<body>
<font size="+3" color="#006699"> 列表的分类： </font><br/><br/>
<menu>
<li><font color="red"> 无序列表 </font></li>
<li><font color="blue"> 有序列表 </font></li>
<li><font color="green"> 定义列表 </font></li>
</menu>
</body>
</html>
```

代码的运行效果如图 3-12 所示。
以上代码给 3 个列表项分别设置了红、
蓝、绿色，也可以设置整体颜色。

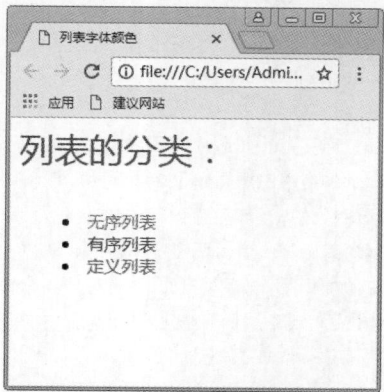

图 3-12

3.3　列表的嵌套

嵌套列表指的是多于一级层次的列表，一级项目下面可以存在二级项目、三级项目等。
项目列表可以进行嵌套，以实现多级项目列表的格式。

3.3.1 定义列表的嵌套

定义列表是两个层次的列表，用于解释名词的定义，名词为第一层次，解释为第二层次，且不包含项目符号。

语法描述如下：

```
<dl>
<dt> 名词一 </dt>
<dd> 解释 1</dd>
<dd> 解释 2</dd>
<dd> 解释 3</dd>
<dt> 名词二 </dt>
<dd> 解释 1</dd>
<dd> 解释 2</dd>
<dd> 解释 3</dd>
</dl>
```

小试身手 列表嵌套的方法

示例代码如下：

```
<!doctype html>
<html>
<head>
<meta http-equiv="Content-Type" content="text/html; charset=utf-8" />
<title> 列表嵌套 </title>
</head>
<body>
<font size="+2" color="#006699"> 古诗介绍： </font><br/><br/>
<dl>
<dt> 秋思 </dt><br/>
<dd> 作者：白居易 </dd><br/>
<dd> 诗体：五言律诗 </dd><br/>
<dd> 病眠夜少梦，闲立秋多思。<br/>
寂寞余雨晴，萧条早寒至。<br/>
鸟栖红叶树，月照青苔地。<br/>
何况镜中年，又过三十二。<br/>
</dd>
<dt> 蜀相 </dt><br/>
<dd> 作者：杜甫 </dd><br/>
<dd> 诗体：七言律诗 </dd><br/>
<dd> 丞相祠堂何处寻？锦官城外柏森森，<br/>
映阶碧草自春色，隔叶黄鹂空好音。<br/>
三顾频烦天下计，两朝开济老臣心。<br/>
```

出师未捷身先死，长使英雄泪满襟。
</dd>
</body>
</html>

代码的运行效果如图 3-13 所示。

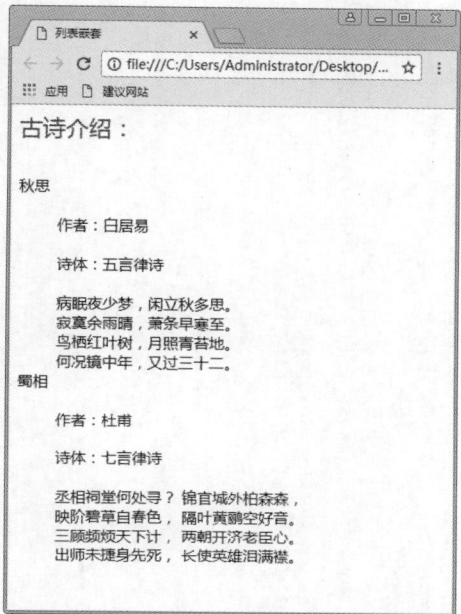

图 3-13

3.3.2 无序列表和有序列表的嵌套

最常见的列表嵌套模式是有序列表和无序列表的嵌套，可以重复使用 <ol> 和 <ul> 标记组合实现。

小试身手 列表的高级嵌套

示例代码如下：

```
<!doctype html>
<html>
<head>
<meta http-equiv="Content-Type" content="text/html; charset=utf-8" />
<title> 列表嵌套 </title>
</head>
<body>
<font color="#3333FF" size="+2"> 中国历史 </font>
<ul type="square">
```

```
<li><font size="+1" color="#FF9900"></font> 原始社会 </li>
</ul>
<ol type="1">
<li> 黄帝 </li><br/>
<li> 尧 </li><br/>
<li> 舜 </li><br/>
</ol>
<ul type="square">
<li><font size="+1" color="#FF9900"></font> 奴隶社会 </li>
</ul>
<ol type="1">
<li> 夏 </li><br/>
<li> 商 </li><br/>
<li> 周 </li><br/>
</ol>
<ul type="square">
<li><font size="+1" color="#FF9900"></font> 封建社会 </li>
</ul>
<ol type="1">
<li> 秦 </li><br/>
<li> 隋 </li><br/>
<li> 唐 </li><br/>
<li> 宋 </li><br/>
<li> 元 </li><br/>
<li> 明 </li><br/>
<li> 清 </li><br/>
</ol>
</body>
</html>
```

代码的运行效果如图 3-14 所示。

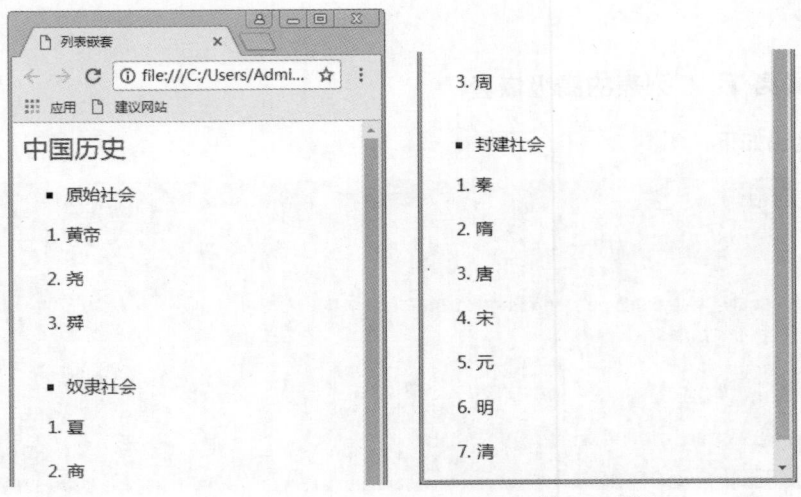

图 3-14   图 3-14（续）

3.3.3 有序列表之间的嵌套

有序列表之间的嵌套就是在 <ol> 标签中可以重复使用 <ol> 标签来实现有序列表的嵌套。

小试身手 有序列表的嵌套方法

示例代码如下：

```
<!doctype html>
<html>
<head>
<meta http-equiv="Content-Type" content="text/html; charset=utf-8" />
<title> 列表嵌套 </title>
</head>
<body>
<font color="#3333FF" size="+2"> 中国历史 </font>
<ol type="A">
<li> 第一篇 </li>
<ol type="1">
<li> 第一章
<ol type="I">
<li> 第一节 </li>
<li> 第二节 </li>
<li> 第三节 </li>
<li> 第四节 </li>
</ol>
</li>
<li> 第二章 </li>
<li> 第三章 </li>
</ol>
<li> 第二篇 </li>
<ol type="1">
<li> 第四章
<ol type="I">
<li> 第一节 </li>
<li> 第二节 </li>
<li> 第三节 </li>
</ol>
</li>
<li> 第五章 </li>
<li> 第六章 </li>
```

```
</ol>
</ol>
</body>
</html>
```

代码的运行效果如图 3-15 所示。

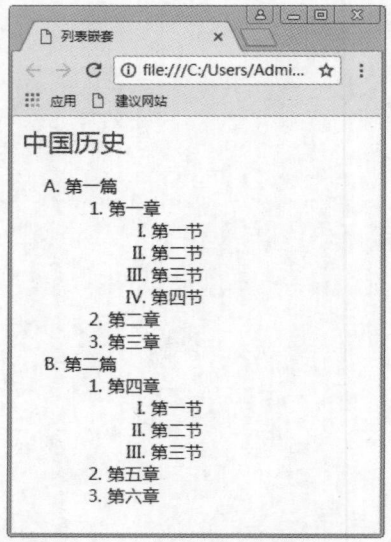

图 3-15

3.4　课堂练习

本节的课堂练习为列表的嵌套练习，完成如图 3-16 所示的列表样式。

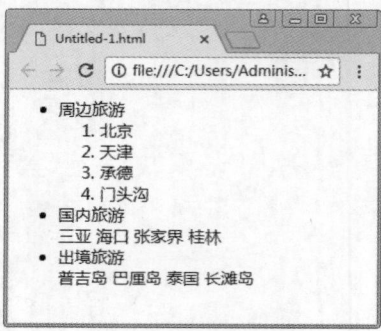

图 3-16

示例代码如下：

```html
<html>
<head>
<title></title>
</head>
<body>
<ul>
<li> 周边旅游
<ol>
<li> 北京 </li>
<li> 天津 </li>
<li> 承德 </li>
<li> 门头沟 </li>
</ol>
</li>
<li> 国内旅游 </li>
三亚
海口
张家界
桂林
<li> 出境旅游 </li>
普吉岛
巴厘岛
泰国
长滩岛
</ul>
</body>
</html>
```

强化训练

　　本章讲解了列表的具体使用方法，目前的网页设计非常注重用户的交互体验，所以想要做出好的交互效果必须学好基础知识。学习完本章的基础知识，接下来请大家做一个网页中 header 部分的内容。

　　效果如图 3-17 所示。

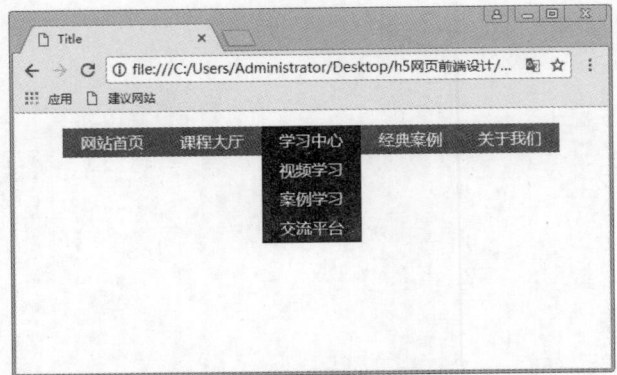

图 3-17

提示代码如下：

```
<!DOCTYPE html>
<html lang="en">
<head>
    <meta charset="UTF-8">
    <title>Title</title>
    <style>
div.nav {
    width:500px;
}
.nav ul {
    width:500px;
    overflow:hidden;
}
.nav ul li {
    width:100px;
    float:left;
    list-style:none;
}
.nav ul li ul {
    display:none;
```

```
        }
      a {
         color: #FFFFFF;
         display:inline-block;
         line-height:30px;
         height:30px;
         width:100px;
         background:green;
         text-decoration:none;
         text-align:center;
      }
     .nav ul li:hover ul {
        display:block;
        margin-left:0px;
        padding-left:0px;
     }
     .nav ul li:hover a{
        background-color:black;
     }
     .nav ul li:hover ul li {
        list-style:none;
        float:none;
        /*text-align:center;*/
     }
     .nav ul li:hover ul li a {
        color: #FFFFFF;
        display:inline-block;
        height:30px;
        width:100px;
        background:black;
        text-decoration:none;
        text-align:center;
     }
    .nav ul li:hover ul li:hover a {
       background-color:aqua;
    }
    </style>
    </head>
    <body>
    <div id="nav" class="nav">
       <ul>
          <li><a href="#"> 网站首页 </a></li>
```

```
    <li><a href="#"> 课程大厅 </a>
      <ul>
        <li><a href="#">HTML5</a></li>
        <li><a href="#">CSS3</a></li>
        <li><a href="#">JavaScript</a></li>
      </ul>
    </li>
    <li><a href="#"> 学习中心 </a>
      <ul>
        <li><a href="#"> 视频学习 </a></li>
        <li><a href="#"> 案例学习 </a></li>
        <li><a href="#"> 交流平台 </a></li>
      </ul>
    </li>
    <li><a href="#"> 经典案例 </a></li>
    <li><a href="#"> 关于我们 </a></li>
  </ul>
</div>
</body>
</html>
```

第4章
制作网页中的表单

内容概要

　　表单主要用来收集用户端提供的相关信息，使网页具有交互作用。表单的用途很多，在制作动态网页时经常会用到。如填写个人信息、会员注册和网上调查，访问者可以使用文本域、列表框、复选框、单选按钮输入信息，单击按钮提交用户所填写的信息。

学习目标

◆ 掌握表单的基本标签　　　　　　◆ 学会怎样插入表单的对象

◆ 掌握表单的基本属性

知识导图

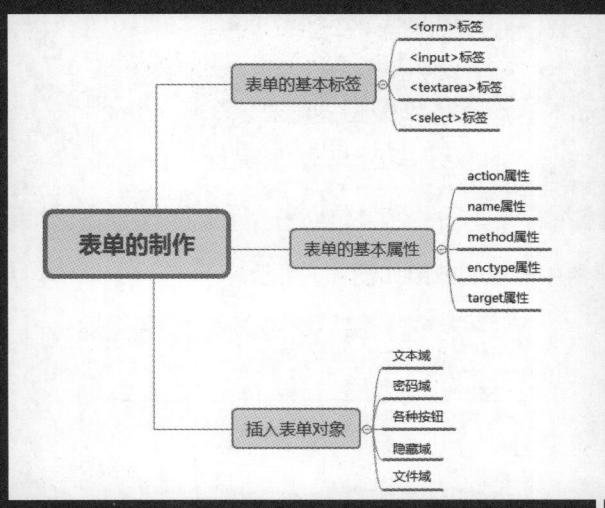

课时安排

◆ 理论知识 1 课时

◆ 上机练习 1 课时

HTML5 网页设计经典课堂

4.1 表单的基本标签

在网页制作过程中，特别是动态网页，时常会用到表单。<form></form> 标签均可用来创建一个表单。在 <form> 标签中可以设置表单的基本属性。

4.1.1 <form> 标签

表单中的所有字段都写在 <form></form> 标签中，用于定义整个表单。

语法描述如下：

```
<form action=" 执行程序地址 " method=" 传递方式 ">···</form>
```

小试身手　制作一个简单的表单

<form> 标签的示例代码如下：

```
<!doctype html>
<html>
<head>
<meta http-equiv="Content-Type" content="text/html; charset=utf-8" />
<title>form 标签 </title>
</head>
<body>
<form action="form_action.asp" method="get">
<p> 姓名 : <input type="text" name="fname"></p>
<p> 密码 : <input type="text" name="lname"></p>
<input type="submit" value=" 确定 " />
</form>
</body>
</html>
```

上述代码在浏览器中显示的效果如图 4-1 所示。

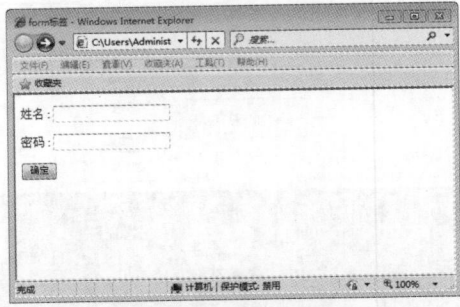

图 4-1

action 指定提交的该表单执行的是处理程序。当用户提交表单时，服务器会根据 action 指定的程序处理表单内容。

传递方式可选择 "get" 或 "post"。

4.1.2 <input> 标签

表单中的各个表单项，除了组合框、文本区域外，所有的字段都要用 <input> 标签定义，这些字段通过 type 属性定义类型，input 标签一般需要制定 name 和 value 属性。在 HTML 中，<input> 标签没有结束标签。

语法描述如下：

```
<input type=" 类型 " name=" 名称 " value=" 取值 ">
```

小试身手 初次使用 input 标签

input 标签使用的示例代码如下：

```
<!doctype html>
<html>
<head>
<meta http-equiv="Content-Type" content="text/html; charset=utf-8" />
<title>input 标签 </title>
</head>
<body>
<form action="form_action.asp" method="get">
<p> 女 <input type="radio" value=" 女 " name=" 性别 "></p>
</form>
</body>
</html>
```

上述代码在浏览器中显示效果如图 4-2 所示。

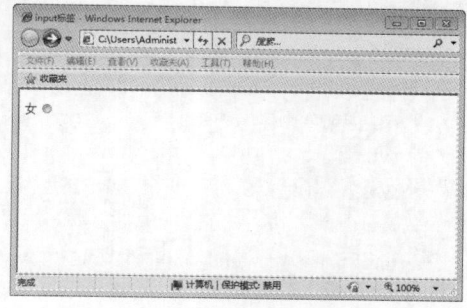

图 4-2

type 可以选择的类型有以下几种：

☆ text：表示类型为文本框。

☆ button：表示类型为按钮。

☆ checkbox：表示类型为复选框。

☆ radio：表示类型为单选框。

☆ hidden：表示类型为隐藏域。

☆ image：表示类型为图像。

☆ password：表示类型为密码输入框。

☆ submit：表示类型为提交按钮。

☆ reset：表示类型为重置按钮。

☆ file：表示类型为文件域。

另外，name 表示表单元素名称，由于处理表单的程序要确定数据的来源，一般需要指定 name 属性，value 为表单元素的默认值。

4.1.3 <textarea> 标签

<textarea> 标签是定义多行文本输入的控件。文本区中可容纳无限数量的文本，文本的默认字体是等宽字体。可以通过 cols 和 row 属性来规定 textarea 的尺寸。

语法描述如下：

```
<textarea name=" 名称 " cols=" 列数 " row=" 行数 " wrap=" 换行方式 "> 文本内容 </textarea>
```

小试身手 文本的输入控件

规定 textarea 尺寸方法的示例代码如下：

```
<!doctype html>
<html>
<head>
<meta http-equiv="Content-Type" content="text/html; charset=utf-8" />
<title> textarea 标签 </title>
</head>
<body>
<form action="form_action.asp" method="get">
<textarea name="content" cols="40" rows="3" wrap="virtual">
```

十年生死两茫茫，不思量，自难忘。千里孤坟，无处话凄凉。纵使相逢应不识，尘满面，鬓如霜。
夜来幽梦忽还乡，小轩窗，正梳妆。相顾无言，惟有泪千行。料得年年肠断处，明月夜，短松冈。
</textarea>
</form>
</body>
</html>

上述代码在浏览器中显示的效果如图 4-3 所示。

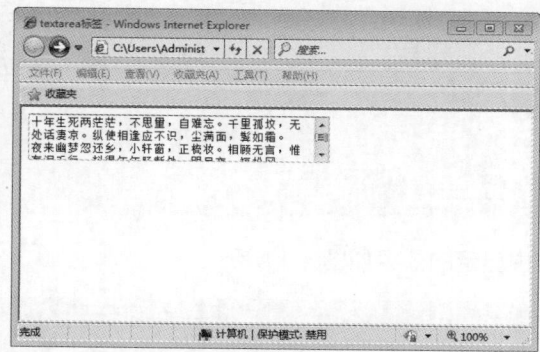

图 4-3

知识
拓展

代码中换行方式还可以选择 "off" 不换行或 "physical" 手动换行。

4.1.4　<select> 标签

<select> 标签可以生成一个列表。

语法描述如下：

```
<select multiple size=" 可见选项数 ">
<option value=" 值 ">
</select>
```

小试身手　表单的列表标签

<select> 标签的示例代码如下：

```
<!doctype html>
<html>
<head>
```

```
<meta http-equiv="Content-Type" content="text/html; charset=utf-8" />
<title>select 标签 </title>
</head>
<body>
<form action="form_action.asp" method="get">
<select name="1">
<option value=" 美食小吃 "> 美食小吃 </option>
<option value=" 火锅 "> 火锅 </option>
<option value=" 麻辣烫 "> 麻辣烫 </option>
<option value=" 砂锅 "> 砂锅 </option>
</select>
</form>
</body>
</html>
```

两个表单在浏览器中显示的效果如图 4-4 所示。

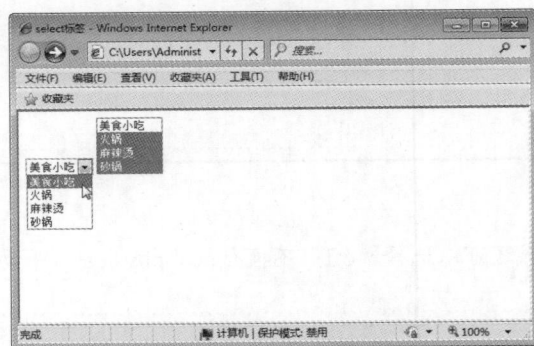

图 4-4

 4.2　表单的基本属性

制作表单时需要设置其属性，下面进行具体讲解。

4.2.1　action 属性

<action> 指定表单提交到哪个地址进行处理。

语法描述如下：

```
<form action=" 处理程序 ">…</form>
```

🔧 **小试身手**　表单提交程序的处理方法

<Action> 属性的示例代码如下：

```
<!doctype html>
<html>
<head>
<meta http-equiv="Content-Type" content="text/html; charset=utf-8" />
<title> 提交程序 </title>
</head>
<form action="form_action.asp">
</form>
</body>
</html>
```

表单处理程序就是表单中收集到的材料要传到的程序地址。

4.2.2　name 属性

想给表单命名就需要用到 name。name 不是表单中的必要属性，其只是为了提交到后台的表单加以区分，以免出现混乱。

语法描述如下：

```
<form name=" 表单名称 ">…</form>
```

🔧 **小试身手**　表单的 name 属性用法

name 属性的示例代码如下：

```
<!doctype html>
<html>
<head>
<meta http-equiv="Content-Type" content="text/html; charset=utf-8" />
<title> 表单名称 </title>
</head>
<form name="form1" action="form_action.asp">
```

```
</form>
</body>
</html>
```

这里需要注意的是 name 属性不能有空格或者特殊字符。

4.2.3 method 属性

method 属性主要用来指定表单的数据提交到服务器时使用的 HTTP，其取值可以是 get，可以是 post。

语法描述如下：

```
<form method=" 传送方式 ">…</form>
```

小试身手 表单的传送方式

method 属性的示例代码如下：

```
<!doctype html>
<html>
<head>
<meta http-equiv="Content-Type" content="text/html; charset=utf-8" />
<title> 表单名称 </title>
</head>
<form name="form1" action="form_action.asp" method="post">
</form>
</body>
</html>
```

post 的传送方法是表单数据被包含在表单主题中，然后被传送到处理程序上。

get 的传送方法是表单的数据被传送到 action 属性指定的 URL 中，然后这个新的 URL 被传送到处理程序上。

4.2.4　enctype 属性

enctype 属性用来设置表单信息提交的编码方式（默认：url-encoded）。

语法描述如下：

```
<form enctype=" 编码方式 ">…</form>
```

 **小试身手**　　制作表单信息提交的编码方式

enctype 属性的示例代码如下：

```
<!doctype html>
<html>
<head>
<meta http-equiv="Content-Type" content="text/html; charset=utf-8" />
<title> 表单名称 </title>
</head>
<form name="form1" action="form_action.asp" method="post" enctype="application/x-www-form-urlencoded">
</form>
</body>
</html>
```

知识拓展

代码中的编码方式为默认，当 enctype 取值为 multipart/form-data 时，代表的含义是 MIME 编码，上传文件的表单必须选择该项。

4.2.5　target 属性

target 属性用于指定目标窗口的打开方式。

语法描述如下：

```
<form target=" 窗口打开方式 ">…<form>
```

 **小试身手**　　窗口的打开方式

target 属性的示例代码如下：

```
<!doctype html>
<html>
<head>
```

```
<meta http-equiv="Content-Type" content="text/html; charset=utf-8" />
<title> 表单名称 </title>
</head>
<form name="form1" action="form_action.asp" method="post" enctype="application/x-www-form-urlencoded"
target="_top">
</form>
</body>
</html>
```

代码中选择的目标窗口打开方式为：在整个浏览器窗口中载入所链接的文件，因而会删除所有文件。

　　除了 _top 选项，目标窗口打开方式还有 3 个选项：_blank、_parent、self。_blank 是将链接的文件载入一个未命名的浏览器窗口中；_parent 是将链接的文件载入含有该链接的父框架集中；_self 是将链接的文件载入链接所在的同一框架或窗口中。

4.3　插入表单对象

　　表单域包含了文本域、密码域、隐藏域、复选框和各种按钮等，用于采集用户输入或选择的数据。

4.3.1　文本域

　　文本域是一种让访问者自己输入内容的表单对象，通常被用来填写单个字或者简短的回答，如姓名、地址等。

　　语法描述如下：

```
<input name=" 控件名称 " type="text" value=" 字段默认值 " size=" 控件的长度 " maxlength=" 最长字符数 ">
```

小试身手　表单文本域的用法

　　示例代码如下：

```
<!doctype html>
<html>
<head>
<meta http-equiv="Content-Type" content="text/html; charset=utf-8" />
```

```
<title> 文本域 </title>
</head>
<body>
<form action="form_action.asp" method="get" name="form2">
姓名：
<input name="name" type="text" size="10">
<br/>
分数：
<input name="fenshu" type="text" size="10" value="10" maxlength="3">
</form>
</body>
</html>
```

浏览器中显示的效果如图 4-5 所示。

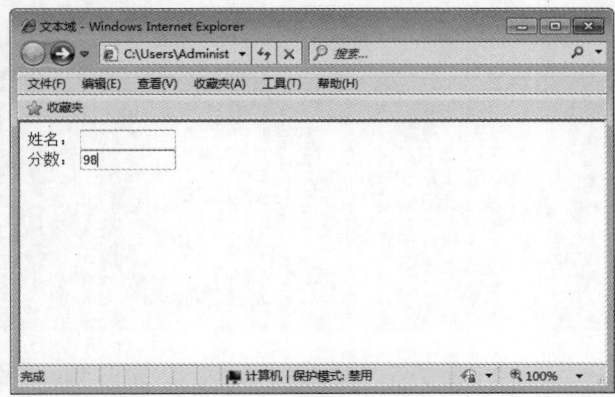

图 4-5

text 字段的参数如下：

☆ type：用于指定插入哪种表单元素。

☆ name：用于设置文字字段的名称。

☆ value：用于定义文本框的默认值。

☆ size：用于确认文本框在页面中显示的长度，以字符为单位。

☆ maxlength：用于设定文本框中最多可以输入的字符数。

4.3.2 密码域

密码域是一种特殊的文字字段，其属性和文字字段相同，不同的是密码在输入时，字符要以 "*" 显示，以确保账户安全。

语法描述如下：

```
<input name=" 控件名称 " type="text" value=" 字段默认值 " size=" 控件的长度 " maxlength=" 最长字符数 ">
```

小试身手　　表单密码域的生成方法

示例代码如下：

```
<!doctype html>
<html>
<head>
<meta http-equiv="Content-Type" content="text/html; charset=utf-8" />
<title> 密码域 </title>
</head>
<body>
<form action="form_action.asp" method="get" name="form2">
账户：
<input name="name" type="text" size="10">
<br/>
密码：
<input name="password" type="password" size="10" value="abc123" maxlength="8">
</form>
</body>
</html>
```

密码域设置完后在浏览器中显示效果如图 4-6 所示，这里的 value 用来定义密码域的默认值，以 "*" 显示。

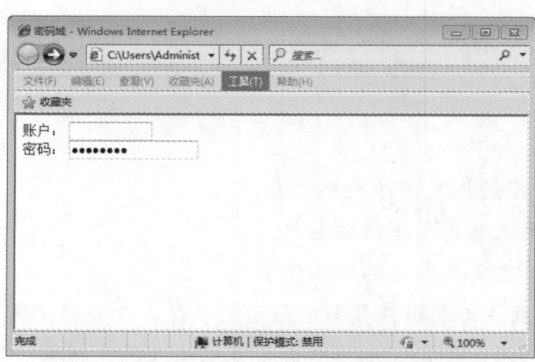

图 4-6

4.3.3　普通按钮

<input type="button"/> 用来定义可以点击的按钮，button 一般情况下需要配合脚本进行表单处理。

语法描述如下：

```
<input name=" 按钮名称 " type="button" value=" 按钮的值 " onclick=" 处理程序 ">
```

小试身手 表单的按钮制作方法

示例代码如下：

```
<!doctype html>
<html>
<head>
<meta http-equiv="Content-Type" content="text/html; charset=utf-8" />
<title> 普通按钮 </title>
</head>
<body>
<form action="form_action.asp" method="get" name="form2">
试试单击按钮会出现什么效果：
<br/>
<input name="button" type="button" value=" 点击试试 " onclick="window.close()"/>
</form>
</body>
</html>
```

点击此按钮在浏览器中显示效果如图 4-7 所示。

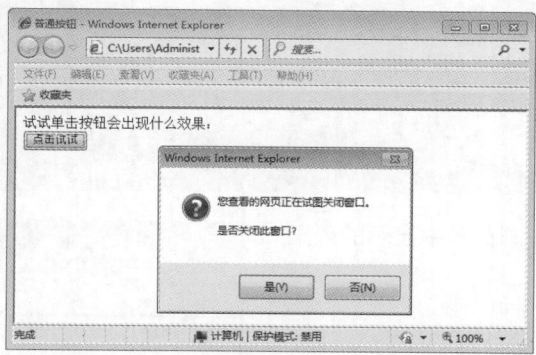

图 4-7

　　value 中的取值就是显示在按钮上的文字，可以根据需要输入相关文字。在 button 中添加 onlick 是为了实现一些特殊功能，如上述代码中关闭浏览器的功能，此功能也可根据需求添加效果。

4.3.4 单选按钮

单选按钮是一个小圆形的按钮，可提供用户选择一个选项。

语法描述如下：

```
<input name=" 按钮名称 " type="radio" value=" 按钮的值 " checked/>
```

小试身手   制作表单中的单选按钮

示例代码如下：

```
<!doctype html>
<html>
<head>
<meta http-equiv="Content-Type" content="text/html; charset=utf-8" />
<title> 单选按钮 </title>
</head>
<body>
<form action="form_action.asp" method="get" name="form2">
请选择一种语言：
<input name="radio" type="radio" value="radiobutton" checked="checked"/>
英语
<input name="radio" type="radio" value="radiobutton" />
日语
<input name="radio" type="radio" value="radiobutton" />
法语
</form>
</body>
</html>
```

设置的单选按钮在浏览器中显示的效果如图 4-8 所示。

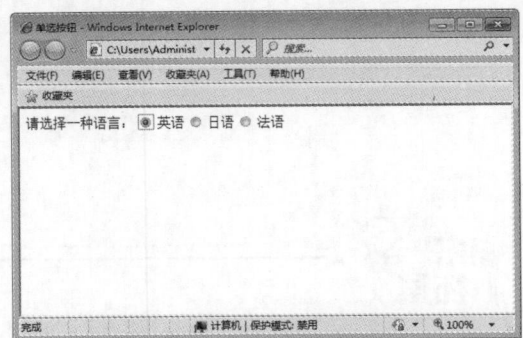

图 4-8

4.3.5 复选框

复选框可以让用户从一个选项列表中选择多个选项。

语法描述如下:

```
<input name=" 复选框名称 " type=" checkbox" value=" 复选框的值 " checked/>
```

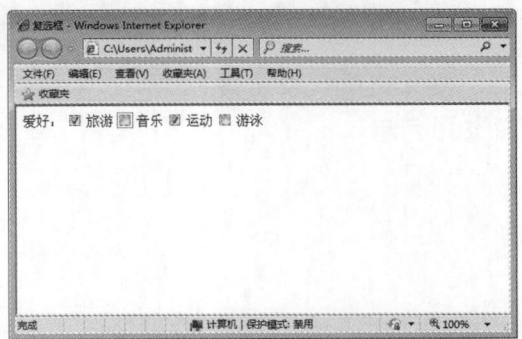 **小试身手** 制作可以多选的表单

示例代码如下:

```
<!doctype html>
<html>
<head>
<meta http-equiv="Content-Type" content="text/html; charset=utf-8" />
<title> 复选框 </title>
</head>
<body>
<form action="form_action.asp" method="post " name="form2">
爱好:
<input name="checkbox" type="checkbox" value="checkbox" checked="checked"/>
旅游
<input name="checkbox" type="checkbox" value="checkbox" />
音乐
<input name="checkbox" type="checkbox" value="checkbox" />
运动
<input name="checkbox" type="checkbox" value="checkbox" />
游泳
</form>
</body>
</html>
```

在浏览器中显示的效果如图 4-9 所示。

图 4-9

4.3.6 提交按钮

提交按钮在一个表单中起到至关重要的作用,可以实现将用户在表单中填写的内容完成提交。

语法描述如下：

```
<input name=" 按钮名称 " type="submit" value=" 按钮名称 "/>
```

小试身手　　把表单提交到某个地址

示例代码如下：

```
<!doctype html>
<html>
<head>
<meta http-equiv="Content-Type" content="text/html; charset=utf-8" />
<title> 提交按钮 </title>
</head>
<body>
<form action="form_action.asp" method="post " name="form2">
爱好：
<input name="checkbox" type="checkbox" value="checkbox" checked="checked"/>
旅游
<input name="checkbox" type="checkbox" value="checkbox" />
音乐
<input name="checkbox" type="checkbox" value="checkbox" />
运动
<input name="checkbox" type="checkbox" value="checkbox" />
游泳
<br/>
<input type="submit" name="submit" value=" 提交 ">
</form>
</body>
</html>
```

提交按钮在浏览器中显示的效果如
图 4-10 所示。

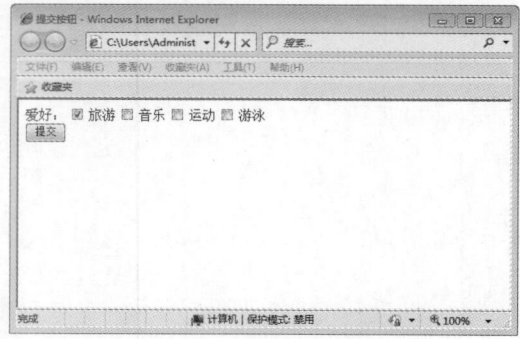

图 4-10

4.3.7　重置按钮

重置按钮的作用是用来清除在页面上输入的信息，在页面上输入的信息错误过多可以
使用重置按钮。

语法描述如下：

```
<input name=" 按钮名称 " type="reset" value=" 按钮名称 "/>
```

小试身手　　把已经选择的选项清零

示例代码如下：

```
<!doctype html>
<html>
<head>
<meta http-equiv="Content-Type" content="text/html; charset=utf-8" />
<title> 重置按钮 </title>
</head>
<body>
<form action="form_action.asp" method="post " name="form2">
爱好：
<input name="checkbox" type="checkbox" value="checkbox" checked="checked"/>
旅游
<input name="checkbox" type="checkbox" value="checkbox" />
音乐
<input name="checkbox" type="checkbox" value="checkbox" />
运动
<input name="checkbox" type="checkbox" value="checkbox" />
游泳
<br/>
<input type="submit" name="submit" value=" 提交 ">
<input type="reset" name="submit1" value=" 重置 ">
</form>
</body>
</html>
```

重置按钮在浏览器中显示的效果如
图 4-11 所示。

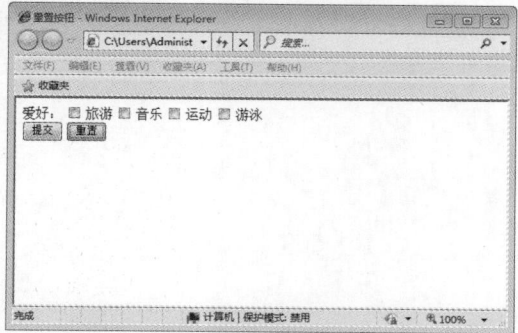

图 4-11

4.3.8　图像按钮

还可以为按钮添加图像效果，避免单调。

语法描述如下：

```
<input name=" 按钮名称 " type="image" src=" 图像路径 "/>
```

小试身手　表单按钮的显示方式

示例代码如下：

```
<!doctype html>
<html>
<head>
<meta http-equiv="Content-Type" content="text/html; charset=utf-8" />
<title> 图像按钮 </title>
</head>
<body>
<form action="form_action.asp" method="post " name="form2">
爱好：
<input name="checkbox" type="checkbox" value="checkbox" checked="checked"/>
旅游
<input name="checkbox" type="checkbox" value="checkbox" />
音乐
<input name="checkbox" type="checkbox" value="checkbox" />
运动
<input name="checkbox" type="checkbox" value="checkbox" />
游泳
<br/>
<input type="image" src="icon.png" name="submit" >
</form>
</body>
</html>
```

设置的图像域在浏览器中显示的效果如图 4-12 所示。

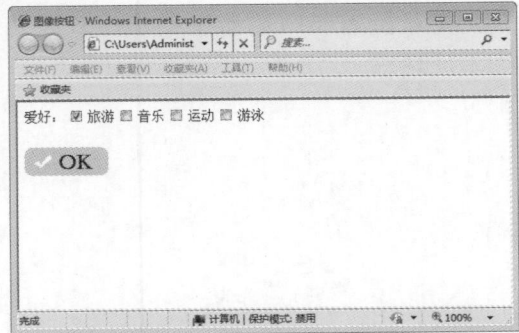

图 4-12

4.3.9　隐藏域

有些数据在传送时需要对用户不可见，hidden 属性可以将数据隐藏。

语法描述如下：

```
<input name=" 名称 " type="hidden" value=" 取值 "/>
```

小试身手　表单隐藏域的使用方法

示例代码如下：

```
<!doctype html>
<html>
<head>
<meta http-equiv="Content-Type" content="text/html; charset=utf-8" />
<title> 隐藏域 </title>
</head>
<body>
<form action="form_action.asp" method="post " name="form2">
爱好：
<input name="checkbox" type="checkbox" value="checkbox" checked="checked"/>
旅游
<input name="checkbox" type="checkbox" value="checkbox" />
音乐
<input name="checkbox" type="checkbox" value="checkbox" />
运动
<input name="checkbox" type="checkbox" value="checkbox" />
游泳
<input name="hidden" type="hidden" value="a" />
<br/>
<input type="image" src="icon.png" name="submit" >
</form>
</body>
</html>
```

设置了隐藏域的表单在浏览器中显示的效果如图 4-13 所示。

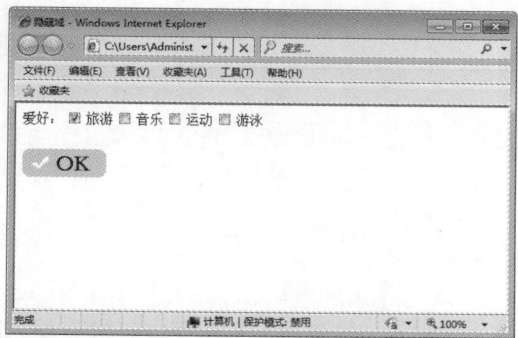

图 4-13

4.3.10 文件域

文件域在表单中起到至关重要的作用，在表单中添加图片或是上传文件都需要用到文件域。

语法描述如下：

```
<input name=" 名称 " type="file" size=" 控件长度 " maxlength=" 最长字符数 "/>
```

小试身手　给表单设置文件域

示例代码如下：

```
<!doctype html>
<html>
<head>
<meta http-equiv="Content-Type" content="text/html; charset=utf-8" />
<title> 文件域 </title>
</head>
<body>
<form action="form_action.asp" method="post " name="form2">
身份证照片：
<input name="file" type="file" size="25" maxlength="30"/>
</form>
</body>
</html>
```

设置文件域的效果如图 4-14 所示。

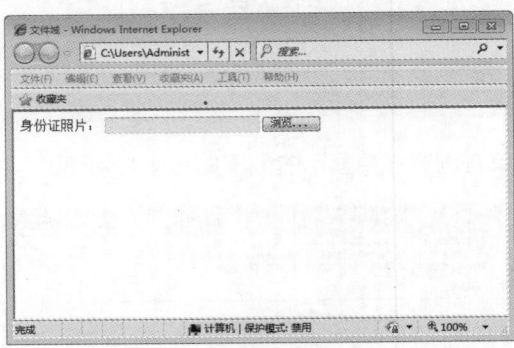

图 4-14

4.3.11 菜单和列表

下拉菜单在正常状态下只显示一个选项，在页面中非常节省空间。

语法描述如下：

```
<select name=" 下拉菜单名称 ">
<option value=" 选项值 " selected> 下拉菜单内容
...
</select>
```

小试身手　　表单下拉列表的制作方法

示例代码如下：

```
<!doctype html>
<html>
<head>
<meta http-equiv="Content-Type" content="text/html; charset=utf-8" />
<title>select 标签 </title>
</head>
<body>
<form action="form_action.asp" method="get">
<select name="1">
小吃：
<option value=" 美食小吃 "> 美食小吃 </option>
<option value=" 火锅 "> 火锅 </option>
<option value=" 麻辣烫 "> 麻辣烫 </option>
<option value=" 砂锅 "> 砂锅 </option>
</select>
</form>
</body>
</html>
```

在浏览器中显示的效果如图 4-15 所示。

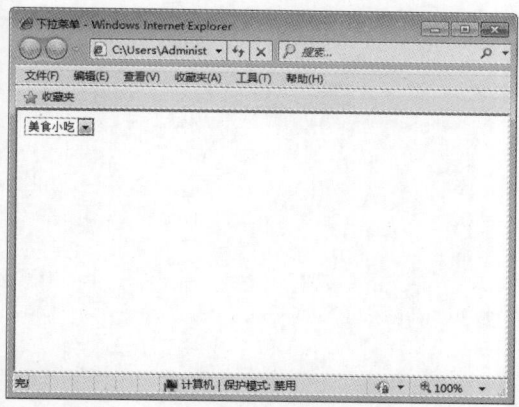

图 4-15

知识
拓展

需要注意的是，网页中只显示一个选项，单击后面的下拉按钮才会看到全部选项。下拉菜单的宽度是由 <option> 标签中包含的最长文本的宽度决定的。

4.4　课堂练习

为加深印象，本节的课堂练习为根据如图 4-16 所示，制作一个相同的表单。

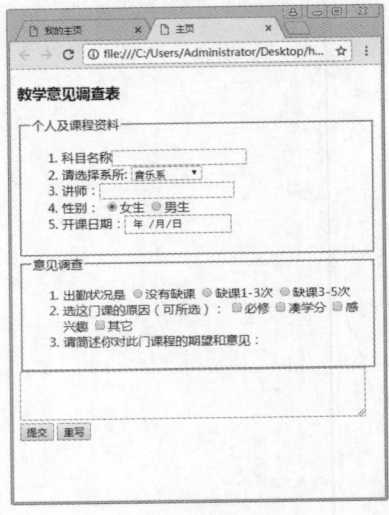

图 4-16

上图样式的代码如下：

```
<!doctype html>
<html>
<head>
<meta charset="GB2312">
<title> 主页 </title>
</head>
<body>
<h3> 教学意见调查表 </h3>
<form method="post" action="" enctype="text/plain">
<fieldset>
<legend> 个人及课程资料 </legend>
<ol>
```

```
<li> 科目名称 <input type="text" name="subject" autofocus/></li>
<li> 请选择系所：
<select size="1" name="department">
<option> 音乐系 </option>
<option> 法律系 </option>
<option> 英语系 </option>
<option> 土木系 </option>
<option> 电子工程系 </option>
<option> 商务管理系 </option>
</select>
</li>
<li> 讲师：<input type="text" name="teacher"></li>
<li> 性别：
<input type="radio" name="sex" value=" 女生 " checked/> 女生
<input type="radio" name="sex" value=" 男生 "/> 男生
</li>
<li> 开课日期：<input type="date" name="startdate"/>
</li>
</ol>
</fieldset>
<fieldset>
<legend> 意见调查 </legend>
<ol>
<li> 出勤状况是
<input type="radio" name="assist" value=" 没有缺课 "/> 没有缺课
<input type="radio" name="assist" value=" 缺课 1-3 次 "/> 缺课 1-3 次
<input type="radio" name="assist" value=" 缺课 3-5 次 "/> 缺课 3-5 次
</li>
<li> 选这门课的原因（可所选）：
<input type="checkbox" name="reason" value=" 必修 "/> 必修
<input type="checkbox" name="reason" value=" 凑学分 "/> 凑学分
<input type="checkbox" name="reason" value=" 感兴趣 "/> 感兴趣
<input type="checkbox" name="reason" value=" 其它 "/> 其它
</li>
<li> 请简述你对此门课程的期望和意见：<br/>
</li>
</ol>
</fieldset>
<textarea rows="4" name="hope" cols="60"></textarea>
<input type="submit" value=" 提交 "/>
<input type="reset" value=" 重写 "/>
</form>
</body>
</html>
```

通过前面的学习，对 HTML 中表单的各个属性已有了基本了解，其在网页设计中非常重要，根据图 4-17 所示巩固所学知识。

图 4-17

提示代码如下：

```
<!doctype html>
<html>
<head>
<meta http-equiv="Content-Type" content="text/html; charset=utf-8" />
<title> 文件域 </title>
</head>
<body>
<table width="952" border="0" align="center" cellpadding="0" cellspacing="0">
<tr>
<td><img src="jpeg.jpg" width="1000" height="234" /></td>
</tr>
<tr>
<td valign="top" bgcolor="#F2F6F7"><form action="" method="post" enctype="multipart/form-data"
name="form1" id="form1">
```

```
<table width="100%" border="0" cellspacing="2" cellpadding="0">
<tr>
<td width="21%" height="30" align="center" valign="middle"> 用户名：</td>
<td width="79%"><label for="name"></label>
<input name="name" type="text" id="name" size="20" maxlength="20" /></td>
</tr>
<tr>
<td height="30" align="center" valign="middle"> 密 码：</td>
<td><label for="password"></label>
<input name="password" type="password" id="password" size="20" maxlength="20" /></td>
</tr>
<tr>
<td height="30" align="center" valign="middle"> 确认密码：</td>
<td><input name="password2" type="password" id="password2" size="20" maxlength="20"/></td>
</tr>
<tr>
<td height="30" align="center" valign="middle"> 性 别：</td>
<td>
<input name="radio" type="radio" id="radio" value="radio" checked="checked" />
<label for="radio"> 男
<input type="radio" name="radio" id="radio2" value="radio" />
女 </label></td>
</tr>
<tr>
<td height="30" align="center" valign="middle"> 爱 好：</td>
<td>
<input name="checkbox" type="checkbox" id="checkbox" />
<label for="checkbox"> 写作
<input type="checkbox" name="checkbox2" id="checkbox2" />
唱歌
</label>
<input type="checkbox" name="checkbox3" id="checkbox3" />
舞蹈
<input type="checkbox" name="checkbox4" id="checkbox4" />
游泳
<input type="checkbox" name="checkbox5" id="checkbox5" />
其他 </td>
</tr>
<tr>
<td height="30" align="center" valign="middle"> 电 话：</td>
<td>
<label for="select"></label>
```

```
<select name="select" id="select">
<option> 固定电话 </option>
<option> 移动电话 </option>
</select>
<label for="textfield"></label>
<input type="text" name="textfield" id="textfield" /></td>
</tr>
<tr>
<td height="30" align="center" valign="middle"> 地 址：</td>
</table>
</body>
</html>
```

HTML 5

第5章

网页多媒体的设置

内容概要

　　多媒体包含多种格式，它可以是用户听到或看到的任何内容，文字、图片、音乐、音效、录音、电影、动画等。在互联网上，通常在网页中嵌入多媒体元素，现代浏览器已支持多种多媒体格式。

学习目标

◆ 掌握插入音频和视频的方法　　　　　　◆ 掌握设置背景音乐和音乐的循环播放
◆ 学会设置滚动的各种效果

知识导图

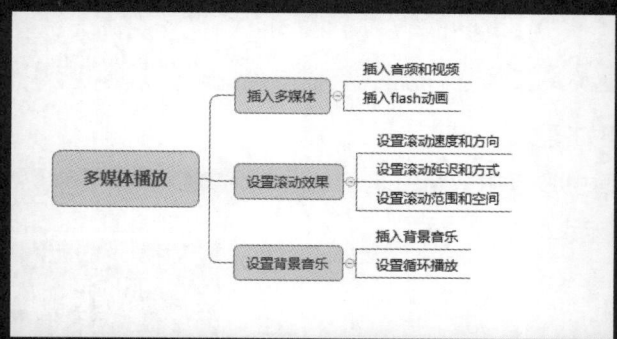

课时安排

◆ 理论知识 1 课时
◆ 上机训练 1 课时

5.1 插入多媒体

给网页插入多媒体可以使单调的网页变得更加有吸引力，使浏览者能直观地了解网页内容。可以为网页添加动画、音频和视频等效果。

5.1.1 插入音频和视频

在 HTML 中播放音频和视频，需要使用大量技巧，以确保音频文件或者视频文件在所有浏览器和所有硬件上都能够播放。可使用 <embed> 标签将插件添加到 HTML 页面中。

语法描述如下：

```
<embed height=" 插件高 " width=" 插件宽 " src=" 路径 .mp3"></embed>
```

小试身手 在页面中添加一首歌

<Embed> 使用方法的示例代码如下：

```
<!doctype html>
<html>
<head>
<meta http-equiv="Content-Type" content="text/html; charset=utf-8" />
<title> 插入音频 </title>
<body>
<embed height="300" width="300" src="matisyahu - One Day.mp3"></embed>
</body>
</html>
```

代码的运行效果如图 5-1 所示。

可以看到，页面中被添加了 MP3 的音乐效果，且设置了显示大小。

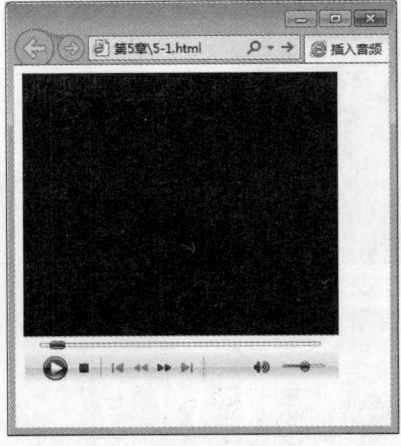

图 5-1

5.1.2 插入 flash 动画

Flash 是一种动画技术，在网页中经常使用 Flash 动画给网页添色。

语法描述如下：

```
<embed src=" 多媒体文件地址 " width=" 多媒体的宽度 " height=" 多媒体的高度 "></embed>
```

 小试身手 在页面中添加动画效果

添加动画效果的示例代码如下：

```
<!doctype html>
<html>
<head>
<meta http-equiv="Content-Type" content="text/html; charset=utf-8" />
<title> 插入动画 </title>
<body>
在网页中插入动画效果
<embed src="donghua.swf" width="400" height="400"></embed>
</body>
</html>
```

代码的运行效果如图 5-2 所示。

图 5-2

5.2 设置滚动效果

在网页中如果想做出动态的文字、图片等，最简单的方法就是为其添加滚动效果。如滚动的速度、方式等。制作滚动效果离不开滚动标签 <marquee>。在滚动标签之间添加需要滚动的内容，并在标签之间设置滚动内容的属性。

5.2.1 设置滚动速度

要设置滚动速度，就需要用到 scrollamount 属性，其可以设置滚动速度的快慢。

语法描述如下：

```
<marquee scrollamount=" 速度值 ">…</marquee>
scrollamount 后面的值是像素，滚动的长度是以像素为单位的。
```

小试身手 滚动速度的设置方法

scrollamount 属性的示例代码如下：

```
<!doctype html>
<html>
<head>
<meta http-equiv="Content-Type" content="text/html; charset=utf-8" />
<title> 滚动速度 </title>
<body>
<marquee scrollamount="2">
苏轼 <br/>
宋词 <br/>
江城子·乙卯正月二十日夜记梦 <br/>
十年生死两茫茫，不思量，自难忘。<br/>
千里孤坟，无处话凄凉。<br/>
纵使相逢应不识，尘满面，鬓如霜。<br/>
夜来幽梦忽还乡，小轩窗，正梳妆。<br/>
相顾无言，惟有泪千行。<br/>
料得年年肠断处，明月夜，短松冈。
</marquee>
</body>
</html>
```

代码的运行效果如图 5-3 所示。

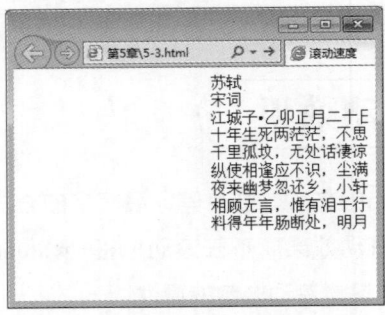

图 5-3

5.2.2 设置滚动方向

设置滚动效果的时候会涉及滚动的方向，如果不想按默认方式设置，就需要用到 direction 的属性。

语法描述如下：

```
<marquee direction=" 滚动方向 ">…</marquee>
```

小试身手 让文字从下往上滚动

设置滚动速度为 2 像素，方向为从下往上滚动，示例代码如下：

```
<!doctype html>
<html>
<head>
<meta http-equiv="Content-Type" content="text/html; charset=utf-8" />
<title> 滚动方向 </title>
<body>
<marquee scrollamount="2" direction="up">
苏轼 <br/>
宋词 <br/>
江城子·乙卯正月二十日夜记梦 <br/>
十年生死两茫茫，不思量，自难忘。<br/>
千里孤坟，无处话凄凉。<br/>
纵使相逢应不识，尘满面，鬓如霜。<br/>
夜来幽梦忽还乡，小轩窗，正梳妆。<br/>
相顾无言，惟有泪千行。<br/>
料得年年肠断处，明月夜，短松冈。
</marquee>
</body>
</html>
```

代码的运行效果如图 5-4 所示。

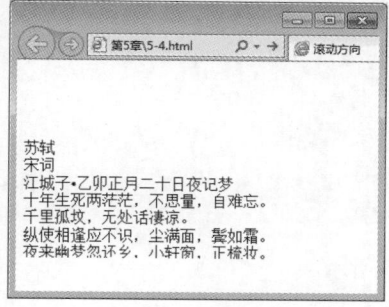

图 5-4

知识拓展

滚动方向有 4 个，默认的方向是 left，向左滚动，向下、向上、向右滚动的取值分别为 down、up、right，这里不再赘述。

5.2.3 设置滚动延迟

滚动的延迟能让页面更加丰富，scrolldelay 属性用于设置滚动延迟。

语法描述如下：

```
<marquee scrolldelay=" 时间间隔 ">···</marquee>
```

🔧 小试身手　　滚动延迟的设置方法

scrolldelay 属性的示例代码如下：

```
<!doctype html>
<html>
<head>
<meta http-equiv="Content-Type" content="text/html; charset=utf-8" />
<title> 滚动速度 </title>
<body>
<marquee scrollamount="2" direction="up" scrolldelay="100">
苏轼 <br/>
宋词 <br/>
江城子 • 乙卯正月二十日夜记梦 <br/>
十年生死两茫茫，不思量，自难忘。<br>
千里孤坟，无处话凄凉。<br>
纵使相逢应不识，尘满面，鬓如霜。<br>
夜来幽梦忽还乡，小轩窗，正梳妆。<br>
<marquee scrollamount="2" direction="left" scrolldelay="300">
相顾无言，惟有泪千行。<br>
料得年年肠断处，明月夜，短松冈。
</marquee>
</body>
</html>
```

代码的运行效果如图 5-5 所示。

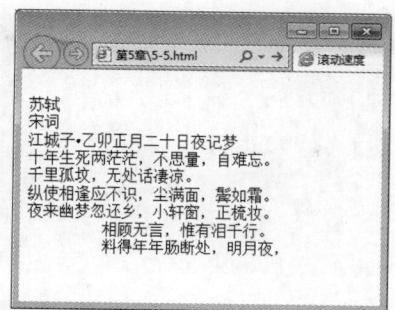

图 5-5

scrolldelay 以毫秒的形式取值，如果以秒为单位，会出现一顿一顿的效果。

5.2.4 设置滚动方式

behavior 属性用于设置滚动效果，behavior 可以取 3 个值，scroll、slide 和 alternate，这三个值分别代表循环滚动、只滚动一次就停止、来回交替进行滚动。

语法描述如下：

```
<marquee behavior=" 滚动方式 ">…</marquee>
```

小试身手 设置滚动的次数

behavior 属性的示例代码如下：

```
<!doctype html>
<html>
<head>
<meta http-equiv="Content-Type" content="text/html; charset=utf-8" />
<title> 滚动方式 </title>
<body>
<marquee direction="up" behavior="slide">
苏轼 <br/>
宋词 <br/>
江城子 • 乙卯正月二十日夜记梦 <br/>
十年生死两茫茫，不思量，自难忘。 <br/>
千里孤坟，无处话凄凉。 <br/>
```

```
纵使相逢应不识，尘满面，鬓如霜。<br/>
夜来幽梦忽还乡，小轩窗，正梳妆。<br/>
相顾无言，惟有泪千行。<br/>
料得年年肠断处，明月夜，短松冈。
</marquee>
</body>
</html>
```

代码的运行效果如图 5-6 所示。

上述代码设置的滚动效果是向上滚动，
滚动方式是只滚动一次就停止。

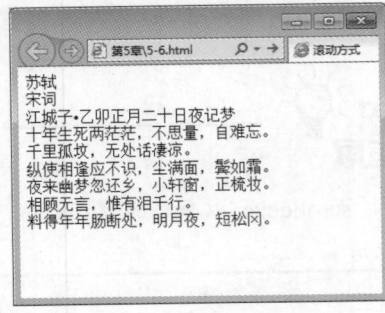

图 5-6

5.2.5　设置滚动的背景颜色

在设置滚动效果时，为了更加突出，可以为其设置背景颜色，这时就需要用到 bgcolor
属性。

语法描述如下：

```
<marquee bgcolor=" 背景颜色 ">…</marquee>
```

小试身手　滚动区域的背景颜色设置

bgcolor 属性的示例代码如下：

```
<!doctype html>
<html>
<head>
<meta http-equiv="Content-Type" content="text/html; charset=utf-8" />
<title> 滚动背景色 </title>
<body>
<marquee direction="right" scrollamount="3" bgcolor="#99FFCC">
苏轼 <br/>
宋词 <br/>
江城子 • 乙卯正月二十日夜记梦 <br/>
十年生死两茫茫，不思量，自难忘。<br/>
千里孤坟，无处话凄凉。<br/>
```

```
纵使相逢应不识，尘满面，鬓如霜。<br/>
夜来幽梦忽还乡，小轩窗，正梳妆。<br/>
相顾无言，惟有泪千行。<br/>
料得年年肠断处，明月夜，短松冈。
</marquee>
</body>
</html>
```

代码的运行效果如图 5-7 所示。

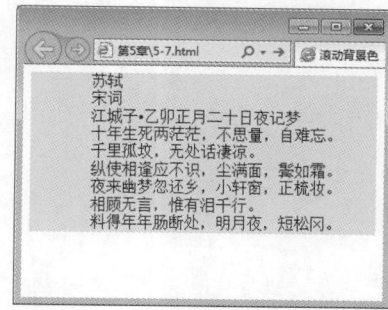

图 5-7

5.2.6　设置滚动范围

使用 width 和 height 属性可以调整滚动的水平范围和垂直范围。

语法描述如下：

```
<marquee width=" 背景宽度 " height=" 背景高度 ">…</marquee>
```

小试身手　滚动范围的设置方法

给滚动设置宽和高的示例代码如下：

```
<!doctype html>
<html>
<head>
<meta http-equiv="Content-Type" content="text/html; charset=utf-8" />
<title> 滚动背景色 </title>
<body>
<marquee direction="right" scrollamount="3" bgcolor="#99FFCC" width="400" height="400">
苏轼 <br/>
宋词 <br/>
江城子 • 乙卯正月二十日夜记梦 <br/>
十年生死两茫茫，不思量，自难忘。<br>
千里孤坟，无处话凄凉。<br>
纵使相逢应不识，尘满面，鬓如霜。<br>
```

```
夜来幽梦忽还乡，小轩窗，正梳妆。<br>
相顾无言，惟有泪干行。料得年年肠断处，明月夜，短松冈。
</marquee>
</body>
</html>
```

代码的运行效果如图 5-8 所示。

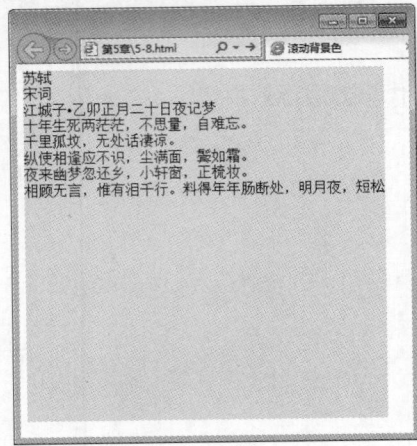

图 5-8

5.2.7　设置空白空间

在默认情况下，滚动对象的周围文字或图像是与滚动背景相连的，如果想使它们分开就需要使用 hspace 和 vspace 属性来进行设置。

语法描述如下：

```
<marquee hspace=" 水平范围 " vspace=" 垂直范围 ">···</marquee>
```

小试身手　　滚动的水平范围和垂直范围

hspace 和 vspace 属性的示例代码如下：

```
<!doctype html>
<html>
<head>
<meta http-equiv="Content-Type" content="text/html; charset=utf-8" />
<title> 空白空间 </title>
<body>
江城子 • 乙卯正月二十日夜记梦
<br/>
苏轼
<br/>
<marquee direction="right" scrollamount="3" bgcolor="#99FFCC" hspace="40" vspace="30">
```

```
十年生死两茫茫，不思量，自难忘。<br/>
千里孤坟，无处话凄凉。<br/>
纵使相逢应不识，尘满面，鬓如霜。<br/>
夜来幽梦忽还乡，小轩窗，正梳妆。<br/>
相顾无言，惟有泪千行。<br/>
料得年年肠断处，明月夜，短松冈。
</marquee>
</body>
</html>
```

代码的运行效果如图 5-9 所示。

代码中，水平范围和垂直范围的单位都
是像素，设置滚动的空白空间就是由这些像
素组成的。

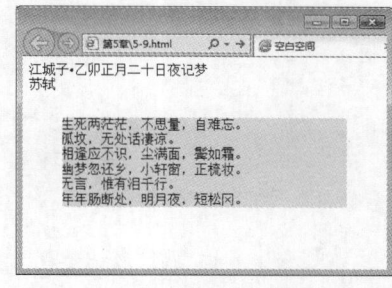

图 5-9

5.3 设置背景音乐

在网页中，除了可以嵌入普通的声音文件之外，还可以设置背景音乐。音乐文件可以
作为背景音乐，其中最常用的是 midi 文件。

5.3.1 插入背景音乐

在打开网页时背景音乐会随之响起，这是如何设置的呢？很简单，使用 bgsound 属性
即可。

语法描述如下：

```
<bgsound src=" 背景音乐的地址 ">
```

小试身手 背景音乐的插入方法

bgsound 属性的示例代码如下：

```
<!doctype html>
<html>
<head>
<meta http-equiv="Content-Type" content="text/html; charset=utf-8" />
<title> 背景音乐 </title>
```

```
<body>
<bgsound src="xiaochou.mp3"/>
<center> 消愁 </center><br/><br/>
<hr with="300" size="5"/>
<marquee scrollamount="1" scrolldelay="200" direction="up" bgcolor="#99FFCC" height="400">
当你走进这欢乐场，背上所有的梦与想 <br/><br/>
各色的脸上各色的妆，没人记得你的模样 <br/><br/>
三巡酒过你在角落，固执的唱着苦涩的歌 <br/><br/>
听他在喧嚣里被淹没，你拿起酒杯对自己说 <br/><br/>
一杯敬朝阳，一杯敬月光 <br/><br/>
唤醒我的向往，温柔了寒窗 <br/><br/>
于是可以不回头地逆风飞翔，不怕心头有雨 眼底有霜 <br/><br/>
一杯敬故乡，一杯敬远方 <br/><br/>
守着我的善良，催着我成长 <br/><br/>
所以南北的路从此不再漫长，灵魂不再无处安放 <br/><br/>
一杯敬明天，一杯敬过往 <br/><br/>
支撑我的身体，厚重了肩膀 <br/><br/>
虽然从不相信所谓山高水长，人生苦短何必念念不忘 <br/><br/>
一杯敬自由，一杯敬死亡 <br/><br/>
宽恕我的平凡，驱散了迷惘 <br/><br/>
好吧天亮之后总是潦草离场，清醒的人最荒唐 <br/><br/>
好吧天亮之后总是潦草离场，清醒的人最荒唐
</marquee>
<hr size="5"/>
</body>
</html>
```

代码的运行效果如图 5-10 所示。

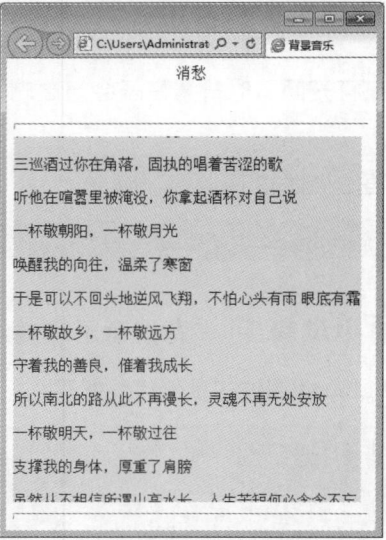

图 5-10

5.3.2 设置循环播放次数

通常情况下，背景音乐是不断播放的，但有时也需要指定播放次数。这一功能通过设置相应的 loop 参数即可。

语法描述如下：

```
<bgsound src=" 背景音乐的地址 " loop=" 循环次数 ">
```

小试身手　给背景音乐设置循环次数

loop 的示例代码如下：

```
<!doctype html>
<html>
<head>
<meta http-equiv="Content-Type" content="text/html; charset=utf-8" />
<title> 背景音乐 </title>
<body>
<bgsound src="xiaochou.mp3" loop="2"/>
<center> 消愁 </center><br/><br/>
<hr with="300" size="5"/>
<marquee scrollamount="1" scrolldelay="200" direction="up" bgcolor="#99FFCC" height="400">
当你走进这欢乐场，背上所有的梦与想 <br/><br/>
各色的脸上各色的妆，没人记得你的模样 <br/><br/>
三巡酒过你在角落，固执的唱着苦涩的歌 <br/><br/>
听他在喧嚣里被淹没，你拿起酒杯对自己说 <br/><br/>
一杯敬朝阳，一杯敬月光 <br/><br/>
唤醒我的向往，温柔了寒窗 <br/><br/>
于是可以不回头地逆风飞翔，不怕心头有雨 眼底有霜 <br/><br/>
一杯敬故乡，一杯敬远方 <br/><br/>
守着我的善良，催着我成长 <br/><br/>
所以南北的路从此不再漫长，灵魂不再无处安放 <br/><br/>
一杯敬明天，一杯敬过往 <br/><br/>
支撑我的身体，厚重了肩膀 <br/><br/>
虽然从不相信所谓山高水长，人生苦短何必念念不忘 <br/><br/>
一杯敬自由，一杯敬死亡 <br/><br/>
宽恕我的平凡，驱散了迷惘 <br/><br/>
好吧天亮之后总是潦草离场，清醒的人最荒唐 <br/><br/>
好吧天亮之后总是潦草离场，清醒的人最荒唐
</marquee>
<hr size="5"/>
</body>
```

```
</html>
```

代码的运行效果和图 5-10 是一样的，只是背景音乐在循环播放 2 次之后停止。

5.4　课堂练习

本节的课堂练习为大家准备了图片的轮播效果，当鼠标放在图片上时播放停止。按照如图 5-11 所示的效果制作出相同的类型。

图 5-11

上图效果的代码如下：

```
<!doctype html>
<html>
<head>
<meta charset="utf-8">
<title> 无标题文档 </title>
</head>
<body>
<marquee behavior="scroll" direction=up width="200" height="300" scrollamount="1" scrolldelay="60"
onmouseover="this.stop()" onmouseout="this.start()">
<a target="cont" href="timg.jpg"><img src="timg.jpg" idth="200" height="330" border="0"></a>
<a target="cont" href="timg.jpg"><img src="timg.jpg" width="330" height="200" border="0"></a>
</marquee>
</body>
</html>
```

 强化训练

打开网页时常常会看到一些视频文件自动运行，不需要手动，如弹出的广告就是自动播放，本章的强化训练就为大家准备了这样一个操作。效果如图 5-12 所示。

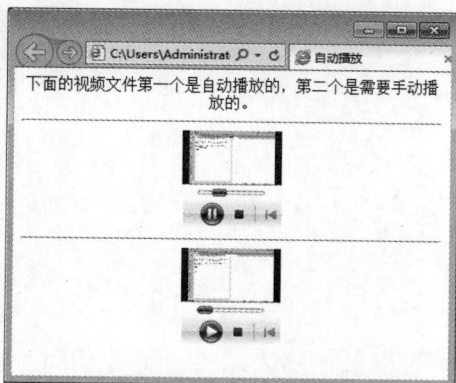

图 5-12

操作提示：

上图效果是通过 autostart 属性来实现的。

HTML 5

第6章
使用表格和链接

内容概要

利用表格可以实现不同的布局方式，本章讲解设置表格属性、编辑表格和单元格以及网页中的超链接。所谓的超链接是指从一个网页指向一个目标的连接关系，这个目标可以是另一个网页，也可以是相同网页上的不同位置，还可以是一个图片、一个电子邮件地址、一个文件，甚至是一个应用程序。

学习目标

◆ 掌握表格的基本属性

◆ 学会表格及单元格各种属性的设置方法

◆ 掌握超链接的使用方法

知识导图

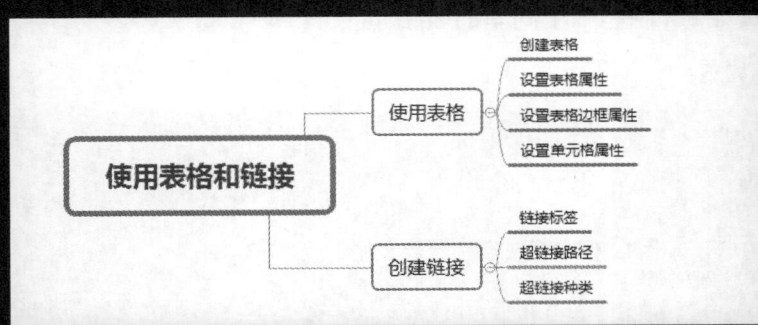

课时安排

◆ 理论知识 1 课时

◆ 上机练习 1 课时

6.1 创建表格

表格是排列内容的最佳手段，在 HTML 页面中，绝大多数页面都是使用表格排版的。在 HTML 的语法中，表格由 3 个标签构成，即表格标签、行标签、单元格标签。

6.1.1 表格的构成

表格由行、列和单元格组成，通常通过表格标签 \<table\>、行标签 \<tr\>、单元格标签 \<td\> 创建表格。\<th\> 标签用来设置表头。

语法描述如下：

```
<table>
 <tr>
  <td> 单元格内的内容 </td>
  <td> 单元格内的内容 </td>
 </tr>
</table>
```

语法解释：

\<table\> 标签和 \</table\> 标签分别表示一个表格的开始和结束，而 \<tr\> 和 \</tr\> 则分别表示表格中一行的开始和结束，在表格中包含几组 \<tr\>…\</tr\> 就表示表格有几行，\<td\> 和 \</td\> 表示一个单元格的开始和结束，也可以说表示一行中包含几列。

小试身手　制作一个简单的表格

示例代码如下：

```
<!doctype html>
<html>
<head>
<meta http-equiv="Content-Type" content="text/html; charset=utf-8" />
<title> 表格的构成 </title>
</head>
<body>
<table>
<h3> 插入表格的示例 </h3>
<tr>
<td> 姓名 </td>
<td> 地址 </td>
</tr>
<tr>
```

```
<td> 张三 </td>
<td> 徐州市财富广场 </td>
</tr>
</table>
</body>
</html>
```

代码的运行效果如图 6-1 所示。

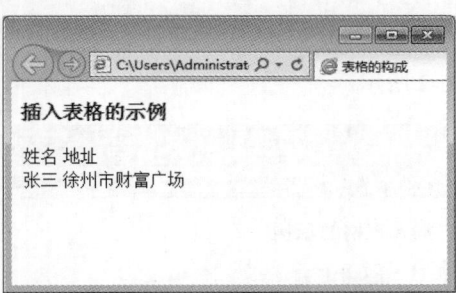

图 6-1

从图 6-1 可以看出网页中添加了一个两行两列的表格,但是这个表格没有边框线。

6.1.2 表格的标题

除了用 <td> 和 </td> 设置表格的单元格外,还可以通过 caption 设置一种特殊的单元格——标题单元格。

语法描述如下:

```
<caption> 表格的标题 </caption>
```

小试身手 制作表格的标题方法

示例代码如下:

```
<!doctype html>
<html>
<head>
<meta http-equiv="Content-Type" content="text/html; charset=utf-8" />
<title> 表格的标题 </title>
<table>
<h3> 插入表格的示例 </h3>
<caption> 表格的标题 </caption>
<tr>
<td> 姓名 </td>
```

```
<td> 地址 </td>
</tr>
<tr>
<td> 张三 </td>
<td> 徐州市财富广场 </td>
</tr>
</table>
</body>
</html>
```

代码的运行效果如图 6-2 所示。

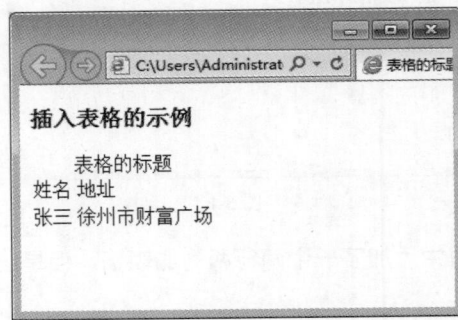

图 6-2

6.1.3 表格的表头

在表格中还有一种特殊的单元格——表头。表格的表头一般位于第一行，用来表示这一行的内容类别，用 <th> 和 </th> 标签表示。

语法描述如下：

```
<table>
 <tr>
  <th> 单元格内的内容 </th>
  <th> 单元格内的内容 </th>
 </tr>
</table>
```

小试身手　表格表头的制作方法

示例代码如下：

```
<!doctype html>
<html>
```

```
<head>
<meta http-equiv="Content-Type" content="text/html; charset=utf-8" />
<title> 表格的表头 </title>
<table>
<h3> 插入表格的示例 </h3>
<caption> 期末考试成绩单 </caption>
<tr>
<th> 姓名 </th>
<th> 数学 </th>
<th> 语文 </th>
<th> 英语 </th>
<th> 物理 </th>
<th> 化学 </th>
</tr>
<tr>
<td> 张淼 </td>
<td>91</td>
<td>81</td>
<td>95</td>
<td>92</td>
<td>85</td>
</tr>
<tr>
<td> 李鑫 </td>
<td>81</td>
<td>91</td>
<td>85</td>
<td>72</td>
<td>75</td>
</tr>
<tr>
<td> 王犇 </td>
<td>71</td>
<td>98</td>
<td>88</td>
<td>90</td>
<td>98</td>
</tr>
</table>
</body>
</html>
```

代码的运行效果如图 6-3 所示。

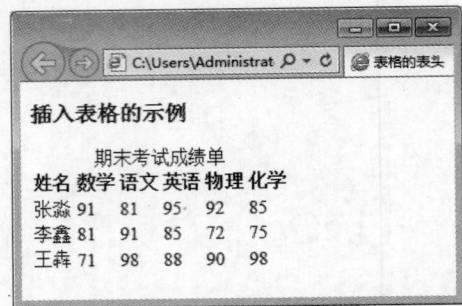

图 6-3

 知识拓展

表格的头部标签与 <td> 标签使用方法相同，但是表头的内容为加粗显示。

6.2 设置表格属性

表格的基本属性包括表格的宽度、高度和对齐方式。

6.2.1 表格的宽度

默认情况下，表格的宽度是根据内容自动调整的，下面讲解手动设置表格宽度。

语法描述如下：

```
<table width= 表格宽度 >
```

语法解释：

表格宽度的值可以是具体的像素数，也可以设置为浏览器的百分比数。

小试身手 给表格设置宽度的方法

示例代码如下：

```
<!doctype html>
<html>
<head>
<meta http-equiv="Content-Type" content="text/html; charset=utf-8" />
```

```
<title> 表格的宽度 </title>
<table width="70%">
<h3> 设置表格的宽度为 70%</h3>
<caption> 期末考试成绩单 </caption>
<tr>
<th> 姓名 </th>
<th> 数学 </th>
<th> 语文 </th>
<th> 英语 </th>
<th> 物理 </th>
<th> 化学 </th>
</tr>
<tr>
<td> 张淼 </td>
<td>91</td>
<td>81</td>
<td>95</td>
<td>92</td>
<td>85</td>
</tr>
<tr>
<td> 李鑫 </td>
<td>81</td>
<td>91</td>
<td>85</td>
<td>72</td>
<td>75</td>
</tr>
<tr>
<td> 王犇 </td>
<td>71</td>
<td>98</td>
<td>88</td>
<td>90</td>
<td>98</td>
</tr>
</table>
</body>
</html>
```

代码的运行效果如图 6-4 所示。

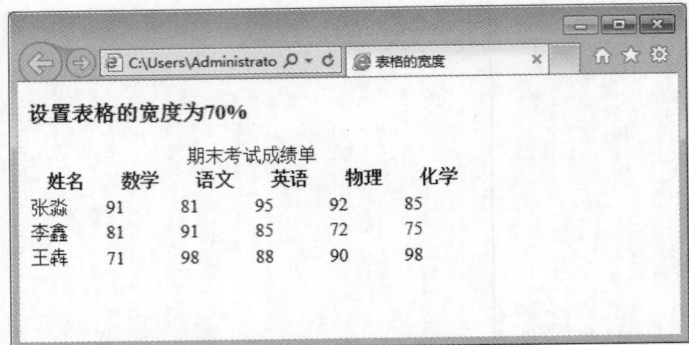

图 6-4

如果将表格中的宽度值设置为像素值，当浏览器的大小发生变化时，表格不会随之改变大小。

6.2.2 表格的高度

设置表格的高度和设置表格宽度的方法相同，也可以将表格的高度设置为浏览的百分比或者固定的像素。

语法描述如下：

```
<table height="700">
```

小试身手 给表格设置高度的方法

示例代码如下：

```
<!doctype html>
<html>
<head>
<meta http-equiv="Content-Type" content="text/html; charset=utf-8" />
<title> 表格的高度 </title>
<table height="300" width="400">
<caption> 期末考试成绩单 </caption>
<tr>
<th> 姓名 </th>
<th> 数学 </th>
<th> 语文 </th>
```

```
    <th> 英语 </th>
    <th> 物理 </th>
    <th> 化学 </th>
    </tr>
    <tr>
    <td> 张淼 </td>
    <td>91</td>
    <td>81</td>
    <td>95</td>
    <td>92</td>
    <td>85</td>
    </tr>
    <tr>
    <td> 李鑫 </td>
    <td>81</td>
    <td>91</td>
    <td>85</td>
    <td>72</td>
    <td>75</td>
    </tr>
    <tr>
    <td> 王犇 </td>
    <td>71</td>
    <td>98</td>
    <td>88</td>
    <td>90</td>
    <td>98</td>
    </tr>
    </table>
    </body>
    </html>
```

代码的运行效果如图 6-5 所示。

无论怎么调节浏览器的大小，表格的大小都不会随之改变。

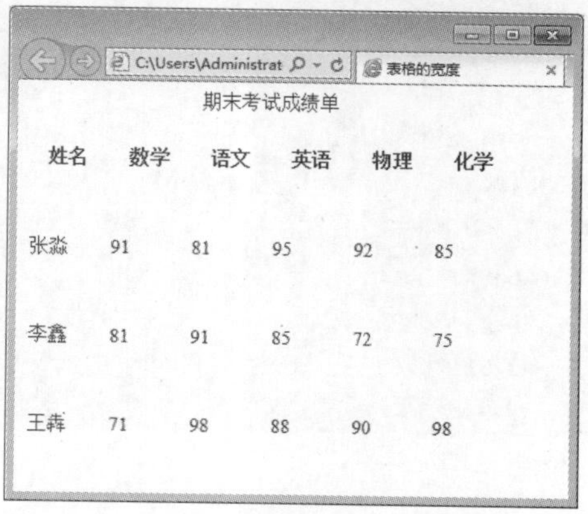

图 6-5

6.2.3 表格的对齐方式

表格的对齐方式用于设置整个表格在网页中的位置。

语法描述如下：

```
<table align="center">
```

语法解释：

align 参数可以取值为 left、center 或者 right。

小试身手 表格的对齐方式设置

示例代码如下：

```
<!doctype html>
<html>
<head>
<meta http-equiv="Content-Type" content="text/html; charset=utf-8" />
<title> 表格的对齐方式 </title>
<table align="center" height="100" width="300">
<caption> 期末考试成绩单 </caption>
<tr>
<th> 姓名 </th>
<th> 数学 </th>
<th> 语文 </th>
<th> 英语 </th>
<th> 物理 </th>
<th> 化学 </th>
</tr>
<tr>
<td> 张淼 </td>
<td>91</td>
<td>81</td>
<td>95</td>
<td>92</td>
<td>85</td>
</tr>
<tr>
<td> 李鑫 </td>
<td>81</td>
<td>91</td>
<td>85</td>
```

```
<td>72</td>
<td>75</td>
</tr>
</table>
</body>
</html>
```

代码的运行效果如图 6-6 所示。

图 6-6

知识拓展

　　表格的默认对齐方式是左对齐，上例中设置了表格的居中对齐，如果想让表格右对齐只需设置 align="right" 即可。

6.3 设置表格边框属性

　　表格的边框可以设置粗细、颜色等效果，通过使用 border 属性可以对其设置。同时还可以调整单元格的间距。

6.3.1 表格的边框

　　默认情况下表格的边框是不显示的。为了使表格更加清晰，可以使用 border 参数设置边框的宽度。

　　语法描述如下：

```
<table border=" 边框宽度 ">
```

语法解释：

只有设定了 border 的参数，且值不为 0，在网页中才能显示出表格的边框。Border 的单位是像素。

小试身手 设置表格的边框宽度

示例代码如下：

```
<!doctype html>
<html>
<head>
<meta http-equiv="Content-Type" content="text/html; charset=utf-8" />
<title> 表格的边框 </title>
<table border="1" height="100" width="300">
<caption> 期末考试成绩单 </caption>
<tr>
<th> 姓名 </th>
<th> 数学 </th>
<th> 语文 </th>
<th> 英语 </th>
<th> 物理 </th>
<th> 化学 </th>
</tr>
<tr>
<td> 张淼 </td>
<td>91</td>
<td>81</td>
<td>95</td>
<td>92</td>
<td>85</td>
</tr>
<tr>
<td> 李鑫 </td>
<td>81</td>
<td>91</td>
<td>85</td>
<td>72</td>
<td>75</td>
</tr>
</table>
</body>
</html>
```

代码的运行效果如图 6-7 所示。

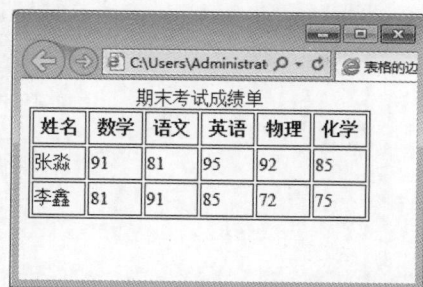

图 6-7

　　表格的边框默认颜色是灰色，在网页设计中会显得单调，给表格的边框设置颜色可以使用 bordercolor 属性，其语法描述为：

　　　　<table bordercolor="颜色值">

6.3.2　内框的宽度

　　表格的内框宽度是指表格内部各个单元格之间的宽度。

　　语法描述如下：

```
<table cellspacing=" 内框宽度值 ">
```

　　语法解释：

　　内框宽度的单位也是像素。

小试身手　设置单元格之间的间距

　　示例代码如下：

```
<!doctype html>
<html>
<head>
<meta http-equiv="Content-Type" content="text/html; charset=utf-8" />
<title> 内框宽度 </title>
<table border="1" cellspacing="6" height="100" width="300">
<caption> 期末考试成绩单 </caption>
<tr>
```

```
<th> 姓名 </th>
<th> 数学 </th>
<th> 语文 </th>
<th> 英语 </th>
<th> 物理 </th>
<th> 化学 </th>
</tr>
<tr>
<td> 张淼 </td>
<td>91</td>
<td>81</td>
<td>95</td>
<td>92</td>
<td>85</td>
</tr>
<tr>
<td> 李鑫 </td>
<td>81</td>
<td>91</td>
<td>85</td>
<td>72</td>
<td>75</td>
</tr>
</table>
</body>
</html>
```

代码的运行效果如图 6-8 所示。

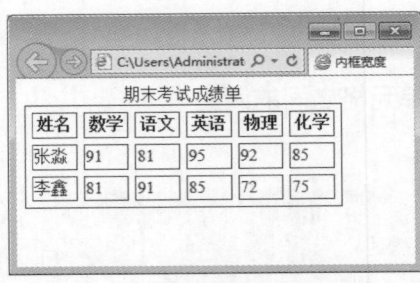

图 6-8

6.3.3 文字与边框间距

单元格中的文字在没有设置的情况下都紧贴在单元格的边框上，cellpadding 属性可设置文字与边框的间距值。

语法描述如下：

```
<table cellpadding=" 边距值 ">
```

语法解释：

文字与边框的距离以像素为单位，一般可以根据需要设置，但要注意的是间距不能过大，因为此值不仅对左右距离有效，同时也设置了上下边框与文字的间距。

小试身手 设置单元格内容与边框的间距

示例代码如下：

```
<!doctype html>
<html>
<head>
<meta http-equiv="Content-Type" content="text/html; charset=utf-8" />
<title> 文字与边框间距 </title>
<table border="1" cellspacing="6" cellpadding="4" height="100" width="300">
<caption> 期末考试成绩单 </caption>
<tr>
<th> 姓名 </th>
<th> 数学 </th>
<th> 语文 </th>
<th> 英语 </th>
<th> 物理 </th>
<th> 化学 </th>
</tr>
<tr>
<td> 张淼 </td>
<td>91</td>
<td>81</td>
<td>95</td>
<td>92</td>
<td>85</td>
</tr>
<tr>
<td> 李鑫 </td>
<td>81</td>
<td>91</td>
<td>85</td>
<td>72</td>
<td>75</td>
</tr>
```

```
</table>
</body>
</html>
```

代码的运行效果如图 6-9 所示。

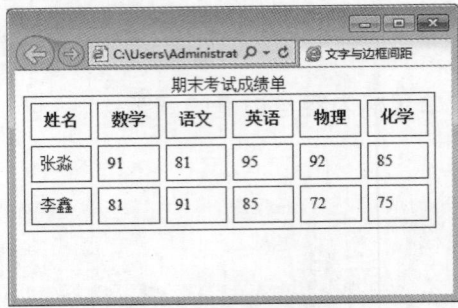

图 6-9

 6.4　设置表格背景

为了美化表格，使其不单调，可以设置表格背景的颜色，还可以为表格的背景添加图片。

6.4.1　表格背景颜色

bgcolor 属性用于定义表格的背景颜色。需要注意的是，bgcolor 定义的颜色是整个表格的背景颜色，如果定义行、列或者单元格颜色，背景颜色会被覆盖。

语法描述如下：

```
<table bgcolor=" 颜色值 ">
```

小试身手　美化表格

示例代码如下：

```
<!doctype html>
<html>
<head>
<meta http-equiv="Content-Type" content="text/html; charset=utf-8" />
<title> 表格背景颜色 </title>
<table border="1" cellspacing="6" cellpadding="4" height="100" width="300" bgcolor="ffcc00">
```

```
<caption> 期末考试成绩单 </caption>
<tr>
<th> 姓名 </th>
<th> 数学 </th>
<th> 语文 </th>
<th> 英语 </th>
<th> 物理 </th>
<th> 化学 </th>
</tr>
<tr>
<td> 张淼 </td>
<td>91</td>
<td>81</td>
<td>95</td>
<td>92</td>
<td>85</td>
</tr>
<tr>
<td> 李鑫 </td>
<td>81</td>
<td>91</td>
<td>85</td>
<td>72</td>
<td>75</td>
</tr>
</table>
</body>
</html>
```

代码的运行效果如图 6-10 所示。

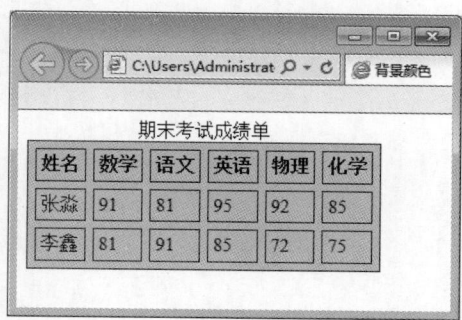

图 6-10

除了背景颜色之外，还可以为表格设置背景图像使其色彩更加绚丽，添加背景图像的方法如下：

```
<table background="背景图像的地址">
```

6.4.2 行的背景颜色

设置行背景颜色也需要用到 bgcolor 属性，这里设置的背景颜色只用于当前行。

语法描述如下：

```
<tr bgcolor=" 颜色值 ">
```

小试身手　给表格行设置颜色

示例代码如下：

```
<!doctype html>
<html>
<head>
<meta http-equiv="Content-Type" content="text/html; charset=utf-8" />
<title> 行的背景颜色 </title>
<table border="1" cellspacing="6" cellpadding="4" height="100" width="300" >
<caption> 期末考试成绩单 </caption>
<tr>
<th> 姓名 </th>
<th> 数学 </th>
<th> 语文 </th>
<th> 英语 </th>
<th> 物理 </th>
<th> 化学 </th>
</tr>
<tr bgcolor="#FFFF66">
<td> 张淼 </td>
<td>91</td>
<td>81</td>
<td>95</td>
<td>92</td>
<td>85</td>
```

```
</tr>
<tr>
<td> 李鑫 </td>
<td>81</td>
<td>91</td>
<td>85</td>
<td>72</td>
<td>75</td>
</tr>
</table>
</body>
</html>
```

代码的运行效果如图 6-11 所示。

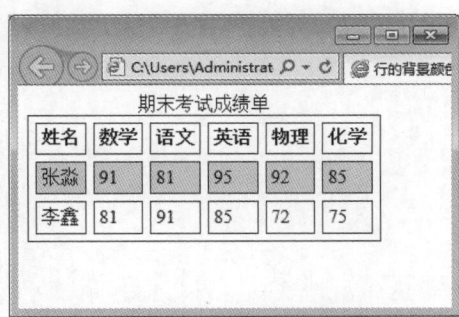

图 6-11

为行添加图片的方式使用 background 属性来设置。

 6.5　设置单元格样式

单元格是表格中的基本单位，行内可以有多个单元格，每个单元格都可以设置不同的样式，如颜色、跨度、对齐方式等，这些样式可以覆盖整个表格或者某个行的已经定义的样式。

6.5.1　设置单元格的大小

如果不单独设置单元格的属性，其宽度和高度都会根据内容自动调整。width 和 height

可单独设置单元格大小。

语法描述如下：

```
<td width=" 取值 " height=" 取值 ">
```

语法解释：

单元格的宽度和高度可以单独设置，单位是像素。

小试身手　设置单元格大小

示例代码如下：

```
<!doctype html>
<html>
<head>
<meta http-equiv="Content-Type" content="text/html; charset=utf-8" />
<title> 单元格大小 </title>
</head>
<body>
<table border="1" width="400">
<caption> 四到六年级平均分 </caption>
<tr>
<th> 班级 </th>
<th> 平均分 </th>
</tr>
<tr>
<td width="60" height="50"> 三年级 </td>
<td>85.6</td>
</tr>
<tr>
<td height="30"> 四年级 </td>
<td>86.5</td>
</tr>
<tr>
<td > 五年级 </td>
<td>85.1</td>
</tr>
<tr>
<td> 六年级 </td>
<td>82.3</td>
</tr>
</table>
```

```
    </body>
    </html>
```

代码的运行效果如图 6-12 所示。

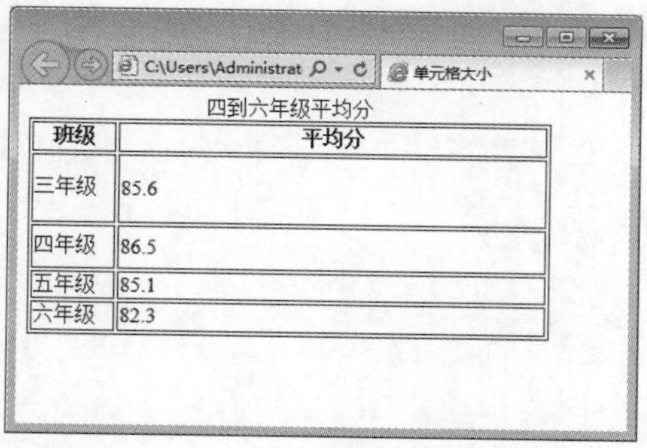

图 6-12

6.5.2 设置单元格边框颜色

单元格的边框颜色同样可以通过 bordercolor 参数设置。

语法描述如下：

```
<td bordercolor=" 颜色值 ">
```

小试身手　设置单元格的边框颜色

示例代码如下：

```
<!doctype html>
<html>
<head>
<meta http-equiv="Content-Type" content="text/html; charset=utf-8" />
<title> 单元格大小 </title>
</head>
<body>
<table border="1" width="400">
<caption> 四到六年级平均分 </caption>
<tr>
<th> 班级 </th>
<th> 平均分 </th>
</tr>
<tr>
```

```
<td width="60" height="50"> 三年级 </td>

<td>85.6</td>

</tr>

<tr>

<td height="30"> 四年级 </td>

<td>86.5</td>

</tr>

<tr>

<td bordercolor="red"> 五年级 </td>

<td>85.1</td>

</tr>

<tr>

<td> 六年级 </td>

<td>82.3</td>

</tr>

</table>

</body>

</html>
```

代码的运行效果如图 6-13 所示。

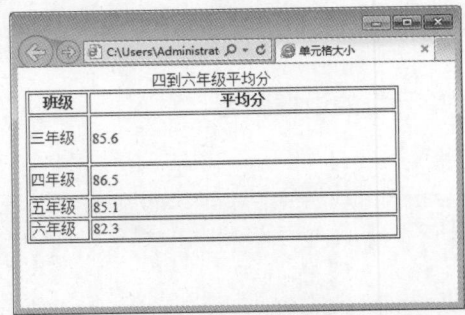

图 6-13

6.5.3 设置单元格跨度

在设计表格的时候，有时需要将两个或者几个相邻的单元格合并成一个单元格，这时就需要用到 colspan 属性或者 rowspan 属性来进行设置。

语法描述如下：

```
<td colspan=" 跨的列数 ">
```

语法解释：

在这里跨的列数就是这个单元格所跨列的个数。

小试身手　合并单元格

示例代码如下：

```
<!doctype html>
<html>
<head>
<meta http-equiv="Content-Type" content="text/html; charset=utf-8" />
<title> 跨的列数 </title>
</head>
<body>
<table border="1" width="600">
<caption> 四到六年级平均分 </caption>
<tr>
<th> 班级 </th>
<th> 平均分 </th>
</tr>
<tr>
<td width="60" height="50"> 三年级 </td>
<td>85.6</td>
</tr>
<tr>
<td height="30"> 四年级 </td>
<td>86.5</td>
</tr>
<tr>
<td bgcolor="#009999"> 五年级 </td>
<td>85.1</td>
</tr>
<tr>
<td colspan="2" align="center"> 六年级 平均分 82.3</td>
</tr>
</table>
</body>
</html>
```

代码的运行效果如图 6-14 所示。

四到六年级平均分

班级	平均分	
三年级	85.6	
四年级	86.5	
五年级	85.1	
六年级 平均分82.3		

图 6-14

知识拓展

上例做了一个水平跨度的表格，想要做垂直跨度（单元格跨行数）的表格只需使用 rowspan 属性即可。

6.6 超链接的路径

创建链接需要了解链接与被链接之间的路径，一个是相对路径，一个是绝对路径。

6.6.1 绝对路径

绝对路径是指从根目录开始一直到文件的位置所要经过的所有目录，目录名之间用反斜杠（\）隔开。如 A 要看 B 下载的电影，B 告诉他电影保存在"E:\ 视频 \ 我的电影 \"目录下，像这种直接指明了文件所在的盘符和所在具体位置的完整路径，即为绝对路径。

例如要显示 WIN95 目录下的 COM-MAND 目录中的 DELTREE 命令，其绝对路径为 C：\WIN95\COMMAND\DELTREE?EXE。

6.6.2 相对路径

相对路径是指相对于自己的目标文件位置。如果 A 看到 B 已经打开了 E 分区窗口，这时 A 只需告诉 B，他的电影保存在"视频 \ 我的电影"目录下。像这种舍去磁盘盘符、计算机名等信息，以当前文件夹为根目录的路径，即为相对路径。在制作网页文件链接、设计程序使用的图片时，一般使用的都是文件的相对路径信息。这样可以防止因为网页和程序文件存储路径变化，而造成网页不正常显示、程序不正常运行现象。

例如，制作网页的存储根文件夹是"D:\html"、图片路径是"D:\html\pic"，当在"D:\html"里存储的网页文件里插入"D:\html\pic\xxx.jpg"的图片，使用的路径只需是"pic\xxx.jpg"即可。这样，当把"D:\html"文件夹移动到"E:\"甚至是"C:\WINDOWS\Help"比较深的目录中，打开 html 文件夹的网页文件就会正常显示。

6.7　创建超链接

超链接是一个网页指向其他目标的链接关系，这个目标可以是另一个网页，也可以是相同网页上的不同位置。

6.7.1　超链接标签的属性

超链接的标签在网页中的标签很简单，只有一个，即 <a>。其相关属性及含义如下。

◎ herf：指定链接地址。

◎ name：给链接命名。

◎ title：给链接设置提示文字。

◎ target：指定链接的目标窗口。

◎ accesskey：指定链接热键。

6.7.2　内部链接

在创建网页时，可以使用 target 属性控制打开的目标窗口，因为超链接在默认情况下是在原来的浏览器窗口中打开。

语法描述如下：

```
<a herf=" 链接目标 " target=" 目标窗口的打开方式 ">
```

语法解释：在代码中设置了内部链接的属性分别是在当前页面中打开链接。

小试身手　制作网页中的链接

示例代码如下：

```
<!doctype html>
<html>
<head>
<meta http-equiv="Content-Type" content="text/html; charset=utf-8" />
<title> 内部链接 </title>
</head>
```

```
<body>
苏轼
<p>
1.<a href="songci.html" target="_blank"> 江城子·乙卯正月二十日夜记梦 </a>
<p>
2. <a href="1" target="_parent"> 念奴娇·赤壁怀古 </a>
<p>
3.<a href="2" target="_self"> 江城子·密州出猎 </a>
</body>
</html>
```

做了内部链接的效果如图 6-15 所示。

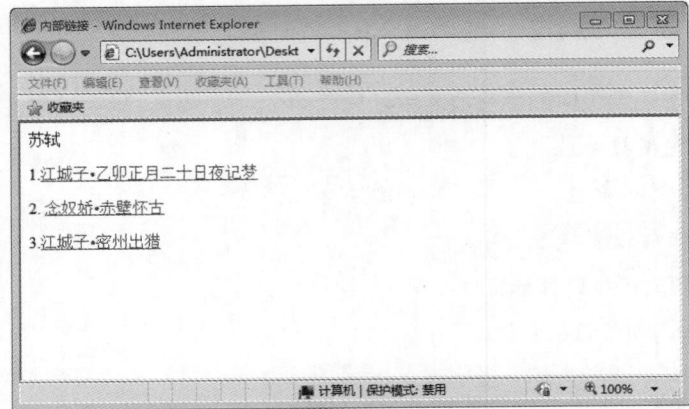

图 6-15

点击"江城子·乙卯正月二十日夜记梦"出现的效果如图 6-16 所示。

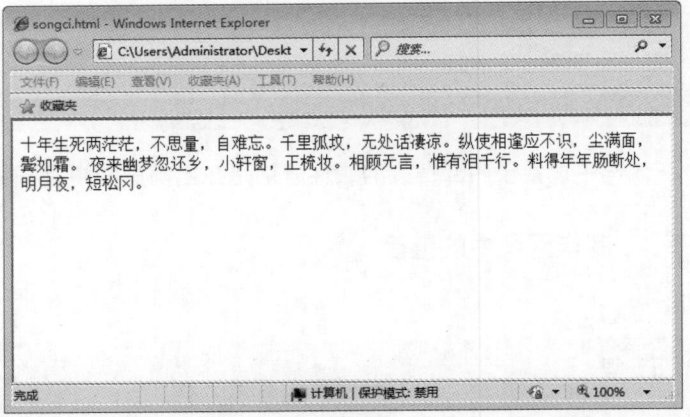

图 6-16

当设置 target 属性值是 _self 时表示的是在当前页面中打开链接；当设置 target 属性值是 _blank 时表示的是在一个全新的空白窗口中打开链接；当设置 target 属性值是 _top 时表示的是在顶层框架中打开链接；当设置 target 属性值是 _parent 时表示的是在当前页面中打开链接。

6.7.3 锚点链接

锚点链接是为了方便用户查看文档的内容，在网页中经常会由于内容过多导致页面过长，这时就可以在文档中进行锚点链接。

在创建锚点链接之前需要先创建锚点。

语法描述如下：

```
<a name=" 锚点的名称 "></a>
```

小试身手 锚点链接的应用方法

示例代码如下：

```
<!doctype html>
<html>
<head>
<meta http-equiv="Content-Type" content="text/html; charset=utf-8" />
<title> 创建锚点 </title>
</head>
<body>
<table width="600" border="0" cellspacing="6" cellpadding="1" >
<tr>
<td> 念奴娇 赤壁怀古 </td>
<td> 苏轼 </td>
<td> 诗文 </td>
</tr>
<tr>
<td colspan="2"> </td>
</tr>
<tr>
<td colspan="2"> </td>
```

```
</tr>
<tr>
<td colspan="2">
<p>
<a name="a"></a> 念奴娇 赤壁怀古
</p>
<p>
<a name="b"></a>
苏轼 宋
</p>
<p>
<a name="c"></a> 诗文
大江东去，浪淘尽，千古风流人物。<br>
故垒西边，人道是，三国周郎赤壁。<br>
乱石穿空，惊涛拍岸，卷起千堆雪。<br>
江山如画，一时多少豪杰。<br>
遥想公瑾当年，小乔初嫁了，雄姿英发。<br>
羽扇纶巾，谈笑间，樯橹灰飞烟灭。( 樯橹 一作：强虏 ) <br>
故国神游，多情应笑我，早生华发。<br>
人生如梦，一尊还酹江月。( 人生 一作：人间；尊 通：樽 ) <br>
</p>
</td>
</tr>
</table>
<body>
</html>
```

建立锚点的效果如图 6-17 所示。

利用锚点名称可以链接到相应的位置。设置名称的时候可以是数字，也可以是字母。同一个网页中的锚点不可重复命名。

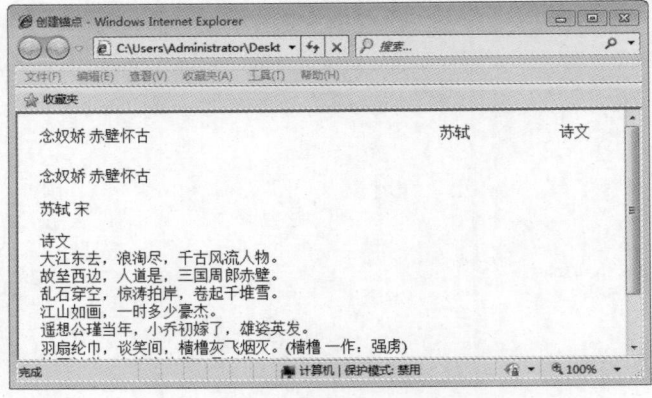

图 6-17

创建完锚点之后就该为锚点创建链接了。

语法描述如下：

<a href="# 锚点名称 ">…</a>

示例代码如下：

```
<!doctype html>
<html>
<head>
<meta http-equiv="Content-Type" content="text/html; charset=utf-8" />
<title> 创建锚点 </title>
</head>
<body>
<table width="600" border="0" cellspacing="6" cellpadding="1" >
<tr>
<td><a href="#a"> 念奴娇 赤壁怀古 </a></td>
<td><a href="#b"> 苏轼 </a></td>
<td><a href="#c"> 诗文 </a></td>
</tr>
<tr>
<td colspan="2"> </td>
</tr>
<tr>
<td colspan="2"> </td>
</tr>
<tr>
<td colspan="2">
<p>
<a name="a"></a> 念奴娇 赤壁怀古
</p>
<p>
<a name="b"></a>
苏轼 宋
</p>
<p>
<a name="c"></a> 诗文
大江东去，浪淘尽，千古风流人物。<br>
故垒西边，人道是，三国周郎赤壁。<br>
乱石穿空，惊涛拍岸，卷起千堆雪。<br>
江山如画，一时多少豪杰。<br>
遥想公瑾当年，小乔初嫁了，雄姿英发。<br>
羽扇纶巾，谈笑间，樯橹灰飞烟灭。( 樯橹 一作：强虏 ) <br>
```

```
故国神游，多情应笑我，早生华发。<br>
人生如梦，一尊还酹江月。(人生 一作：人间；尊 通：樽) <br>
</p>
</td>
</tr>
</table>
<body>
</html>
```

创建好了链接之后在浏览器中显示的效果如图 6-18 所示。

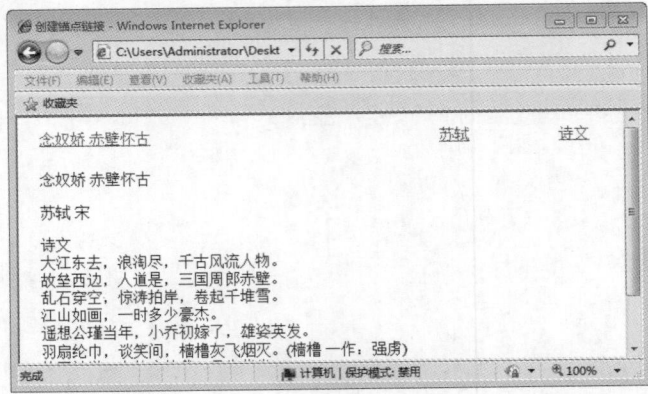

图 6-18

6.7.4 外部链接

外部链接又分为链接到外部网站、链接到 E-mail、链接到下载地址等。

在制作网页时需要链接到外部网站。

语法描述如下：

```
<a href="http://……">···</a>
```

小试身手　链接到外部网站

示例代码如下：

```
<!doctype html>
<html>
<head>
<meta http-equiv="Content-Type" content="text/html; charset=utf-8" />
<title> 链接到外网 </title>
</head>
```

```
<body>
<p> 友情链接 </p>
<p><a href="https://item.jd.com/12719908620.html"> 京东商城 </a></p>
<p><a href="http://product.dangdang.com/24568732.html"> 当当图书 </a></p>
<body>
</html>
```

设置链接的效果如图 6-19 所示。

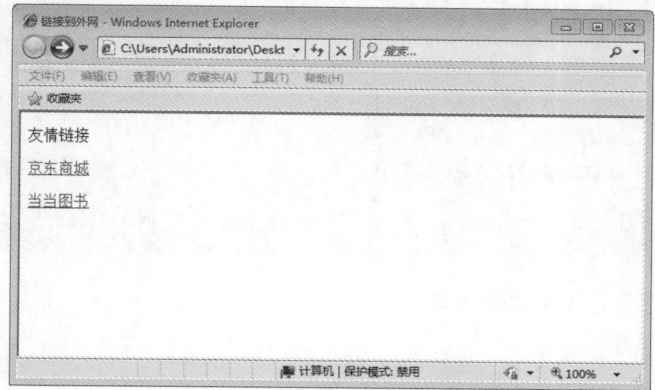

图 6-19

点击"京东商城"的效果如图 6-20 所示。

图 6-20

创建网页上的 E-mail 链接，可以使浏览者反馈自己的建议和意见，收件人的邮件地址由 E-mail 超链接中指定的地址自动更新，不需要浏览者输入。

语法描述如下：

```
<a href="mailto: 邮件地址 ">…</a>
```

示例代码如下：

```
<!doctype html>
<html>
<head>
<meta http-equiv="Content-Type" content="text/html; charset=utf-8" />
<title> 创建邮件链接 </title>
</head>
<body>
<p> 如果还需要购买书请到我们授权的平台购买正版书籍 </p>
<p><a href="mailto: dssf007@qq.com"> 您可以在此输入您对本书的建议，或者还需要购买什么书 </a></p>
<body>
</html>
```

在浏览器中显示的效果如图 6-21 所示。

提示：

在语法描述中的 mailto: 后面输入电子邮件的地址，点击中间的文字就可以链接到输入的邮箱了。

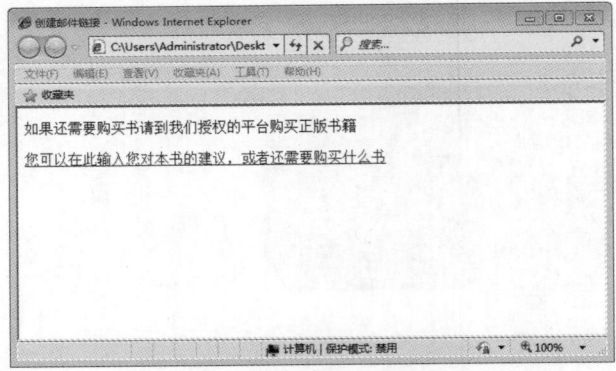

图 6-21

下载链接的使用可以在提供下载资料的网站进行文件下载。

语法描述如下：

```
<a href=" 文件地址 ">…</a>
```

示例代码如下：

```
<!doctype html>
```

```
<html>
<head>
<meta http-equiv="Content-Type" content="text/html; charset=utf-8" />
<title> 创建下载链接 </title>
</head>
<body>
<p> 下面这些是需要下载的图片 </p>
<p><a href="1.jpg"> 花瓶 </a></p>
<p><a href="2.jpg"> 陶瓷 </a></p>
<p><a href="3.jpg"> 幕墙 </a></p>
<p><a href="4.jpg"> 天鹅 </a></p>
<body>
</html>
```

创建好了下载链接的页面在浏览器中显示效果如图 6-22 所示。

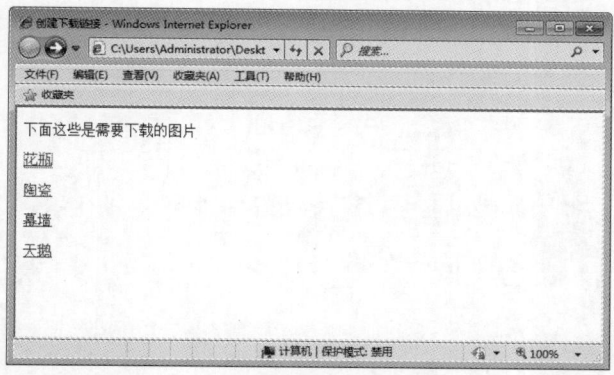

图 6-22

 提示：

在文件所在地址部分设置文件的路径，可以是相对地址，也可以是绝对地址。如果超链接指向的不是一个网页文件，而是其他文件，如 MP3、EXE 文件等，单击链接时就会下载文件。

 6.8 课堂练习

本章讲解了超链接的用法，超链接的地址可以是一个电子邮件地址，浏览器启动邮件程序后编辑邮件并将内容发送到该地址。超链接也可以指向其他网站，请根据图 6-23 所示做一个网址导航。

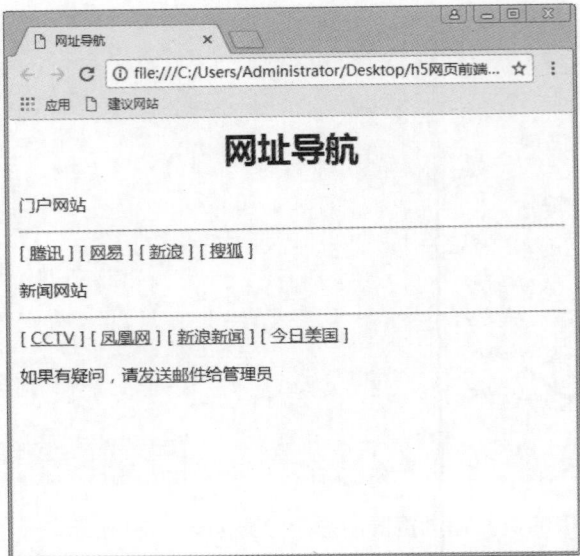

图 6-23

示例代码如下：

```html
<html>
<head>
<meta http-equiv="Content-Type" content="text/html;charset=utf-8">
<title> 网址导航 </title>
</head>
<body>
<h1 align="center"> 网址导航 </h1>
<p>
门户网站 <hr/>
[ <a href="http://www.qq.com"> 腾讯 </a> ]
[ <a href="http://www.163.com"> 网易 </a> ]
[ <a href="http://www.sina.com"> 新浪 </a> ]
[ <a href="http://www.sohu.com"> 搜狐 </a> ]
</p>
<p>
新闻网站 <hr/>
[ <a href="http://www.cctv.com">CCTV</a> ]
[ <a href="http://www.ifeng.com"> 凤凰网 </a> ]
[ <a href="http://www.sina.com.cn"> 新浪新闻 </a> ]
[ <a href="http://www.usatoday.com"> 今日美国 </a> ]
</p>
<p> 如果有疑问，请 <a href="deshengshufang@163.com"> 发送邮件 </a> 给管理员 </p>
</body>
</html>
```

强化训练

本章学习了表格的属性设置，下面做一个简单的练习，来巩固之前学习的表格知识。

如图 6-24 所示，是一个简单的 3 个月的收入和支出的表格。

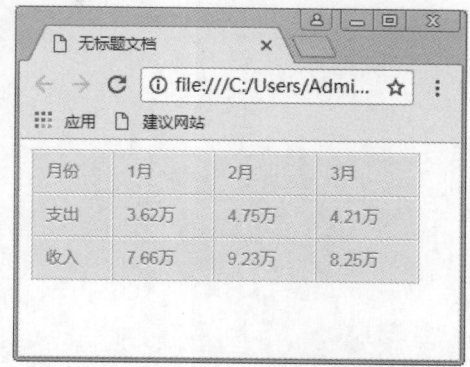

图 6-24

提示代码如下：

```
<!doctype html>
<html>
<head>
<meta charset="utf-8">
<title> 无标题文档 </title>
<style>
table {
    width: 300px;
    line-height: 2em;
    font-family: Arial;
    border-width: 1px;
    border-style: solid;
    border-color: #eec4c4 #eec4c4 #fff #fff;
    text-shadow: 0 1px 0 #FFF;
    border-collapse: separate;
    border-spacing: 0;
    background-color: #ffe9e9;
}
th {
    color: #a03f3f;
    font-weight: normal;
    text-align: left;
}
td {
    color: #c48080;
    font-size: 0.8em;
}
```

```
th,td {
    padding: 0 10px;
    border-width: 1px;
    border-style: solid;
    border-color: #fff #fff #eec4c4 #eec4c4;
}
</style>
</head>

<body>
<table>
    <tr>
        <td> 月份 </td>
        <td>1 月 </td>
        <td>2 月 </td>
        <td>3 月 </td>
    </tr>
    <tr>
        <td> 支出 </td>
        <td>3.62 万 </td>
        <td>4.75 万 </td>
        <td>4.21 万 </td>
    </tr>
    <tr>
        <td> 收入 </td>
        <td>7.66 万 </td>
        <td>9.23 万 </td>
        <td>8.25 万 </td>
    </tr>
</table>
</body>
</html>
```

第7章

HTML5新增元素的用法

内容概要

　　HTML5 在废除很多标签的同时，也增加了很多新标签，如 section 元素、video 元素等。本章通过与 HTML4 的对比，来加深对这些新增元素的理解。

学习目标

◆ 了解 HTML5 中新增主体结构元素的定义

◆ 了解 HTML5 中新增非主体结构元素的定义

◆ 掌握 HTML5 中新增主体和非主体结构元素的使用方法

知识导图

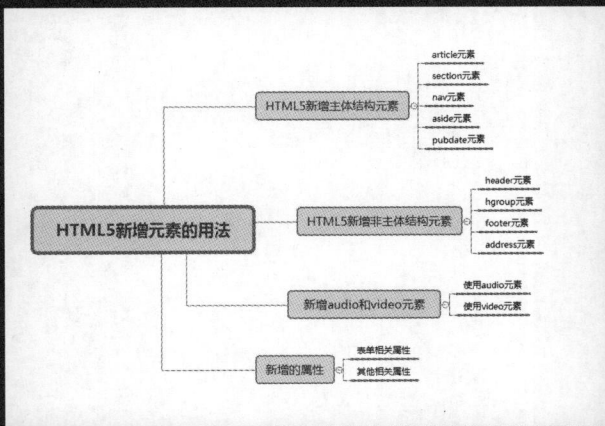

课时安排

◆ 理论知识 1 课时

◆ 上机练习 2 课时

7.1 HTML5 新增主体结构元素

与 HTML4 相比，HTML5 的结构元素更加成熟。本节来了解这些新增主体结构元素，包括定义、表示意义和使用示例。

7.1.1 article 元素

article 元素一般用于文章区块，对外部内容进行定义。如某篇新闻、来自微博的文本、来自论坛的文本。通常用来表示来自其他外部源内容，它可以独立被外部引用。

语法描述如下：

```
<article> </article>
```

小试身手 定义文章区块和外部内容

article 的示例代码如下：

```
<!DOCTYPE html>
<html lang="en">
<head>
<meta charset="UTF-8">
<title>article 元素 </title>
<style>
h1,h2,p{text-align: center;}
</style>
</head>
<body>
<article>
<header>
<hgroup>
<h1>article 元素 </h1>
<h2>article 元素 HTML5 中的新增结构元素 </h2>
</hgroup>
</header>
<p>Article 元素一般用于文章区块，定义外部内容。</p>
<p> 比如某篇新闻的文章，或者来自微博的文本，或者来自论坛的文本。</p>
<p> 通常用来表示来自其他外部源内容，它可以独立被外部引用。</p>
</article>
</body>
</html>
```

代码的运行结果如图 7-1 所示。

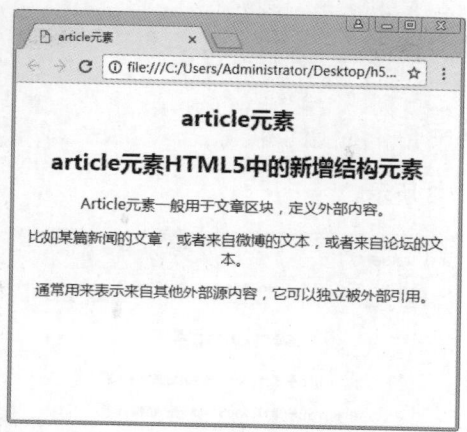

图 7-1

7.1.2 section 元素

section 元素用于定义文档中的节（section）。如章节、页面、页脚或文档中的其他部分，通常用于成节的内容，或在文档流中开始一个新的节。

语法描述如下：

```
<section> </section>
```

小试身手 定义文档中的节

section 元素的示例代码如下：

```
<!DOCTYPE html>
<html lang="en">
<head>
<meta charset="UTF-8">
<title>section 元素 </title>
<style>
h1,p{text-align: center;}
</style>
</head>
<body>
<section>
<h1>section 元素 </h1>
<p>section 元素是 HTML5 中新增的结构元素 </p>
<p>section 元素是 HTML5 中新增的结构元素 </p>
<p>section 元素是 HTML5 中新增的结构元素 </p>
```

```
<p>section 元素是 HTML5 中新增的结构元素 </p>
<p>section 元素是 HTML5 中新增的结构元素 </p>
</section>
</body>
</html>
```

代码的运行结果如图 7-2 所示。

图 7-2

对于那些没有标题的内容不推荐使用 section 元素，section 元素强调的是一个专题性的内容，一般会带有标题。当元素内容聚合起来表示一个整体时，可用 article 元素代替 section 元素。section 元素应用的典型情况有文章章节标签对话框中的标签页，或者网页中有编号的部分。当 section 元素只是为了样式或者方便脚本使用时，使用 div 更合适；当元素内容明确地出现在文档大纲中时，使用 section 更合适。

7.1.3　nav 元素

nav 元素用来定义导航栏超链接的部分。

需要注意的是，并不是所有成组的超链接都需要放在 nav 元素里。nav 元素只放入当前页面的导航超链接。

语法描述如下：

```
<nav> </nav>
```

小试身手　定义网页中的各种导航栏

nav 的示例代码如下：

```
<!DOCTYPE html>
<html lang="en">
<head>
<meta charset="UTF-8">
<title>nav 元素 </title>
</head>
<body>
<h1>HTML5 结构元素 </h1>
<nav>
<ul>
<li><a href="#">items01</a></li>
<li><a href="#">items02</a></li>
</ul>
</nav>
<header>
<h2>nav 元素 </h2>
<nav>
<ul>
<li><a href="">nav 元素的应用场景 01</a></li>
<li><a href="">nav 元素的应用场景 02</a></li>
<li><a href="">nav 元素的应用场景 03</a></li>
<li><a href="">nav 元素的应用场景 04</a></li>
</ul>
</nav>
</header>
</body>
</html>
```

代码的运行效果如图 7-3 所示。

在上面的示例中，就是 nav 元素应用的场景，通常把主要的超链接放入 nav 当中。

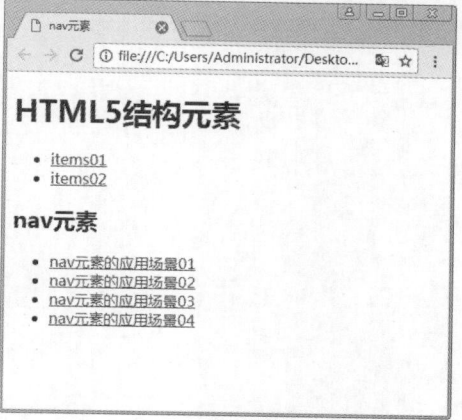

图 7-3

7.1.4 aside 元素

aside 元素用来定义 article 以外的内容，或成节的内容，也可用于表达注记、侧栏、摘要及插入的引用等作为补充的主体内容。其在文档流中开始一个新的节，一般用于与文章内容相关的侧栏。

语法：

```
<aside> </aside>
```

 小试身手　定义文章的侧栏

aside 元素的示例代码如下：

```
<!DOCTYPE html>
<html>
<head>
<meta charset="utf-8">
<meta http-equiv="X-UA-Compatible" content="IE=edge">
<title>aside 元素 </title>
<link rel="stylesheet" href="">
</head>
<body>
<article>
<h1>HTML5aside 元素 </h1>
<p> 正文部分 </p>
<aside> 正文部分的附属信息部分，其中的内容可以是与当前文章有关的相关资料、名词解释，等等。
</aside>
</article>
</body>
</html>
```

代码的运行结果如图 7-4 所示。

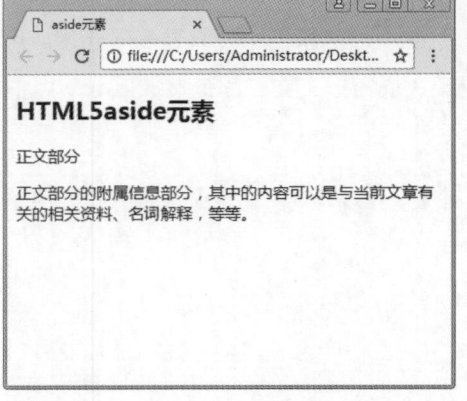

图 7-4

7.1.5 pubdate 元素

pubdate 元素的值是一个可选的 boolean 值，它可以用到 article 元素中的 time 元素上，time 表示文章或整个网页的发布日期。

小试身手 定义时间

定义时间的示例代码如下：

```html
<!DOCTYPE html>
<html lang="en">
<head>
<meta charset="UTF-8">
<title>pubdate 属性 </title>
</head>
<body>
<article>
<header>
<h1> 澳门 </h1>
<p> 我国澳门特别行政区是于 <time datetime="1999-12-10">1999 年 12 月 20 日 </time> 回归的 </p>
<p>notice date <time datetime="2017-08-15" pubdate>2017 年 08 月 15 日 </time></p>
</header>
<p> 正文部分 ...</p>
</article>
</body>
</html>
```

代码的运行效果如图 7-5 所示。

在这个示例中有两个 time 元素，分别定义了两个日期，一个是回归日期，一个是发布日期。由于使用的都是 time 元素，所以需要使用 pubdate 属性标明哪个 time 元素代表了发布日期。

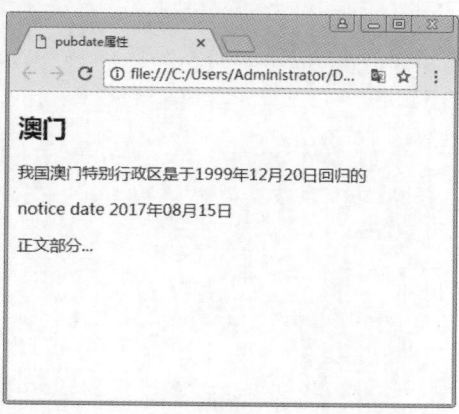

图 7-5

7.2 HTML5 新增非主体结构元素

HTML5 中不仅新增了主体结构元素，还增加了一些非主体元素，如 header 元素、hgroup 元素、footer 元素和 address 元素等，这些元素的增加使我们的工作又轻松了很多。

7.2.1 header 元素

header 元素是具有引导和导航作用的辅助元素，通常代表一组简介或导航性质的内容。其位置在页面或节点的头部。

header 元素不仅包含页面标题，也包含节点的内容列表导航，如数据表格、搜索表单或相关的 logo 图片等。网页中不限制 header 元素的个数，可以拥有多个，每个内容区块都可以加一个 header 元素。

语法描述如下：

```
<header> </header>
```

小试身手　制作页面标题

页面标题的示例代码如下：

```
<!DOCTYPE html>
<html lang="en">
<head>
<meta charset="UTF-8">
<title>header 元素 </title>
</head>
<body>
<header>
<h1> 这是页面的标题 </h1>
</header>
<article>
<h2> 这是第一章 </h2>
<p> 第一章的正文部分 ...</p>
</article>
<header>
<h2> 第二个 header 标签 </h2>
<p> 因为 html 文档不会对 header 标签进行限制，所以我们可以创建多个 header 标签 </p>
</header>
</body>
</html>
```

代码的运行结果如图 7-6 所示。

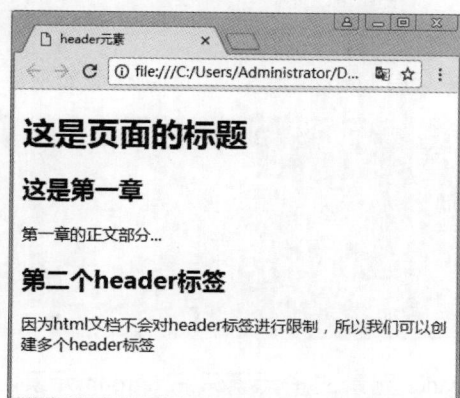

图 7-6

7.2.2 hgroup 元素

hgroup 元素是将不同层级的标题封装成一组，通常会将 h1~h6 标题进行组合，如一个内容区块的标题及其子标题为一组。如果要定义一个页面的大纲，使用 hgroup 元素就非常合适，如定义文章的大纲层级。

小试身手　组合标题

组合标题的示例代码如下：

```
<hgroup>
<h1> 第三节 </h1>
<h2>2.5hgroup 元素 </h2>
</hgroup>
```

下面两种情况，header 元素和 hgroup 元素不能一起使用。

当只有一个标题时，示例代码如下：

```
<header>
<hgroup>
<h1> 第三节 </h1>
<p> 正文部分 ...</p>
</hgroup>
</header>
```

在这种情况下，只能将 hgroup 元素移除，仅保留其标题元素。

```
<header>
<h1> 第三节 </h1>
```

```
<p> 正文部分 ...</p>
</header>
```

当 header 元素的子元素只有 hgroup 元素时，示例代码如下：

```
<header>
<hgroup>
<h1>HTML5 hgroup 元素 </h1>
<h2>hgroup 元素使用方法 </h2>
</hgroup>
</header>
```

在上面的代码中，header 元素的子元素只有 hgroup 元素，并没有其他的元素放在 header 中，此时可以直接将 header 元素去掉，示例代码如下：

```
<hgroup>
<h1>HTML5 hgroup 元素 </h1>
<h2>hgroup 元素使用方法 </h2>
</hgroup>
```

知识拓展

　　如果只有一个标题元素，这时并不需要 hgroup 元素。当出现两个或者两个以上的标题元素时，适合使用 hgroup 元素将其包围。当一个标题有副标题或者是与 section 或者 article 有关的元数据时，适合将 hgroup 和元数据放到一个单独的 header 元素中。

7.2.3　footer 元素

　　人们通常使用 <div id="footer"> 这样的代码来定义页面的页脚部分。但是在 HTML5 中就不需如此了，其提供了用途更广、扩展性更强的 footer 元素。<footer> 标签可定义文档或节的页脚。页脚通常包含文档的作者、版权信息、使用条款超链接、联系信息等。在一个文档中可以使用多个 <footer> 标签。

小试身手　设计网页尾部

　　过去程序员在标脚注时通常使用如下代码：

```
<div id="footer">
<ul>
```

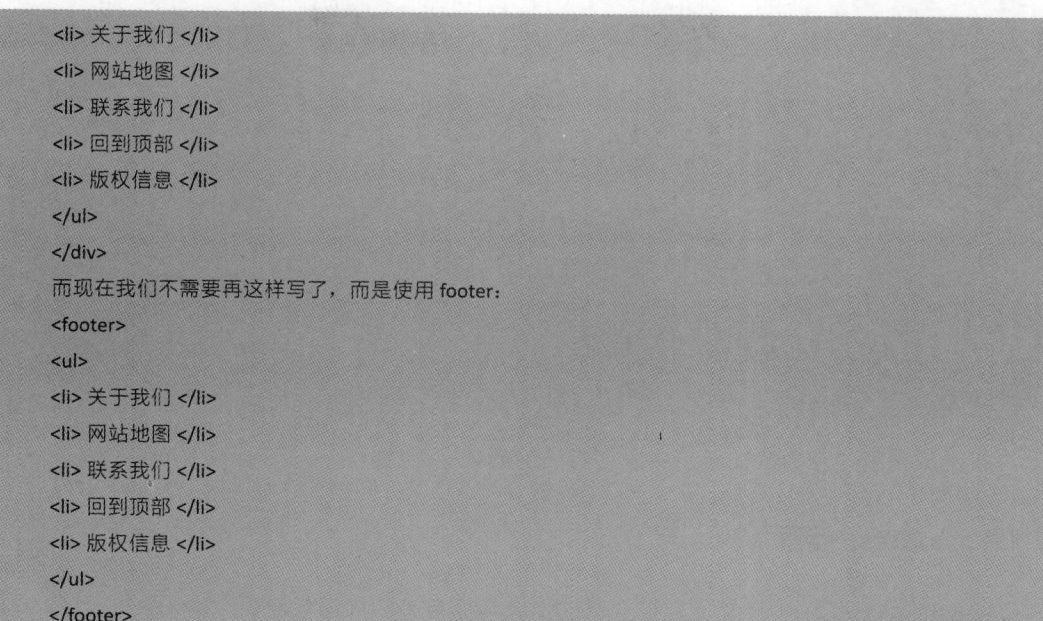

```
<li> 关于我们 </li>
<li> 网站地图 </li>
<li> 联系我们 </li>
<li> 回到顶部 </li>
<li> 版权信息 </li>
</ul>
</div>
```
而现在我们不需要再这样写了，而是使用 footer：
```
<footer>
<ul>
<li> 关于我们 </li>
<li> 网站地图 </li>
<li> 联系我们 </li>
<li> 回到顶部 </li>
<li> 版权信息 </li>
</ul>
</footer>
```

代码的运行结果如图 7-7 所示。

图 7-7

相比较而言，footer 元素更加语义化。

同样，在一个页面中也可以使用多个 footer 元素，既可以用作页面整体的页脚，也可以作为一个内容区块的结尾。如在 article 元素中添加脚注。

```
<article>
<h1> 文章标题 </h1>
<p> 正文部分 ...</p>
<footer> 文章脚注 </footer>
</article>
在 section 元素中添加脚注，代码如下所示：
<section>
<h1> 段落标题 </h1>
<p> 正文部分 </p>
<footer> 本段脚注 </footer>
</section>
```

以上部分就是在 article 元素中添加脚注的方式。

7.2.4 address 元素

<address> 标签用于定义文档或文章的作者及拥有者的联系信息。

如果 <address> 标签位于 <body> 标签内，则表示文档联系信息。

如果 <address> 标签位于 <article> 标签内，则表示文章的联系信息。

<address> 标签中的文本通常为斜体。多数浏览器会在 address 元素前后添加折行。

小试身手　定义文章作者信息

address 元素的示例代码如下：

```
<!DOCTYPE html>
<html lang="en">
<head>
<meta charset="UTF-8">
<title>address 元素 </title>
</head>
<body>
<header>
<address>
写信给我们 <br/>
<a href="xxxitanyxxx.com"> 进入官网 </a><br/>
地址：江苏徐州云龙区矿大软件园 458 号 8 栋 <br/>
tel：221333
</address>
</header>
</body>
</html>
```

代码的运行结果如图 7-8 所示。

图 7-8

 ## 7.3 新增 audio 和 video 元素

前面章节简单介绍了 HTML5 中的音频元素和视频元素，那么这两个元素在 HTML5 中如何使用呢？

7.3.1 检测浏览器是否支持

在 HTML5 下检测浏览器是否支持 audio 元素或 video 元素，最简单的方式是用脚本动态创建，然后检测特定函数是否存在：

```
var hasVideo = !!(document.createElement('video').canPlayType);
```

这段脚本将动态创建一个 video 元素，然后检查 canPlayType() 函数是否存在。通过 "!!" 运算符将结果转换成布尔值，就可以反映出视频对象是否创建成功。

如果只想显示一条文本形式提示信息，可在 audio 元素或 video 元素中按下面代码插入信息。

```
<video src="video.ogg" controls>
Your browser does not support HTML5 video.
</video>
```

如果想为不支持 HTML5 媒体的浏览器提供可选方式来显示视频，可以使用相同的方法，将以插件方式播放视频的代码作为备选内容，然后放在相同的位置：

```
<video src="video.ogg">
```

```
<object data="videoplayer.swf" type="application/x-shockwave-flash">
<param name="movie" value="video.swf"/>
</object>
</video>
```

在 video 元素中嵌入显示 flash 视频的 object 元素后，如果浏览器支持 HTML5 视频，那么 HTML5 视频会优先显示，flash 视频作为后备。不过在 HTML5 被广泛支持之前，需要提供多种视频格式。

7.3.2　audio 元素

作为多媒体元素，audio 元素用来向页面中插入音频或其他音频流。
语法描述如下：

```
<audio></audio>
```

小试身手　给网页插入音乐

使用 audio 元素插入一段音频的示例代码如下：

```
<!DOCTYPE html>
<html lang="en">
<head>
<meta charset="UTF-8">
<title>Document</title>
</head>
<body>
<audio src=" xiaochou.mp3" controls ></audio>
</body>
</html>
```

上面的代码 audio 元素首先规定了在页面中插入一个音频文件，接着指定了音频的路径，最后赋予该音频文件一个可以供用户使用的播放暂停按钮。

代码的运行结果如图 7-9 所示。

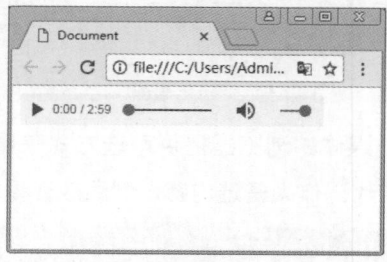

图 7-9

audio 元素除了前面介绍的功能外，还有一些其他属性与功能供用户使用。

☆ 自动播放

```
<audio src=" xiaochou.mp3" autoplay></audio>
```

☆ 按钮播放

```
<audio src=" xiaochou.mp3" controls></audio>
```

☆ 循环播放

```
<audio src=" xiaochou.mp3" autoplay loop></audio>
```

☆ 静音

```
<audio src=" xiaochou.mp3" autoplay muted></audio>
```

☆ 预加载

```
<audio src=" xiaochou.mp3" preload></audio>
```

7.3.3 使用 audio 元素

在对 audio 元素有了一个全面了解后，本小节将制作一个案例，以便更好地掌握 audio 元素。下面以为 audio 元素添加按钮为例，演示如何利用 audiogenic 实现更加丰富的音频效果。

小试身手　给播放器添加控件

为 audio 元素添加按钮的示例代码如下：

```
<!DOCTYPE html>
<html lang="en">
<head>
<meta charset="UTF-8">
<title>Document</title>
</head>
<body>
<audio id="player" controls>
<source src=" xiaochou.mp3"/>
```

```
<source src=" xiaochou.ogg"/>
</audio>
<hr/>
<!-- 为 audio 元素添加四个按钮，分别是播放、暂停、增加声音和减小声音 -->
<input type="button" value=" 播放 " onclick="document.getElementById("player").play()">
<input type="button"value=" 暂停 " onclick="document.getElementById("player").pause()">
<input type="button"value=" 增加声音 " onclick="document.getElementById("player").volume+=0.1">
<input type="button" value=" 减小声音 " onclick="document.getElementById("player").volume-=0.1">
</body>
</html>
```

代码的运行结果如图 7-10 所示。

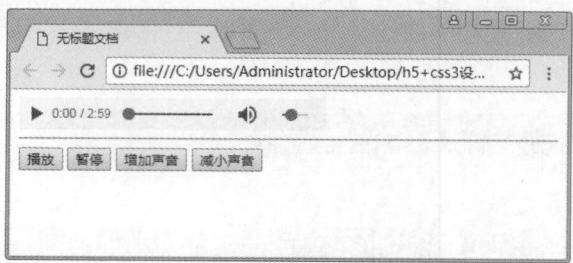

图 7-10

7.3.4 video 元素

在 HTML5 中，如果需要在网页中观看视频，只需要下面这段代码即可：

```
<video src="Wildlife.wmv"> 您的浏览器不支持 video</video>
```

代码虽然简单，但因为浏览器之间支持格式的不同，所以可以和 audio 元素一样，通过加入备用的视频文件来适应不同的浏览器，这里依然使用 source 元素引入视频文件。

小试身手　给网页插入视频

使用 video 元素的示例代码如下：

```
<video width="320" height="240" controls>
<source src="xiaoshipin.mp4" type="video/mp4">
<source src="xiaoshipin.ogg" type="video/ogg"> 您的浏览器不支持 Video 标签。
</video>
```

代码的运行结果如图 7-11 所示。

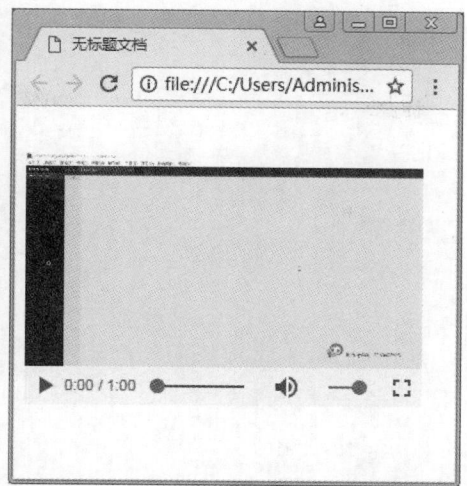

图 7-11

7.3.5　使用 video 元素

在网页中加入视频的方法与 audio 相似，只是一个是添加视频，一个是添加音频。
语法描述如下：

```
<video></video>
```

小试身手　给视频添加控件

给视频添加控件的示例代码如下：

```
<!DOCTYPE html>
<html>
<head>
<meta charset="UTF-8" />
<title>video test</title>
<script type="text/javascript">
var video;
function init(){
video = document.getElementById("video1");
// 监听视频播放结束事件
video.addEventListener("ended",function(){
alert(" 播放结束。 ");
},true);
// 发生错误
```

```
video.addEventListener("error",function(){
switch(video.error.code){
case MediaError.Media_ERROR_ABORTED:
alert(" 视频的下载过程被中止。");
break;
case MediaError.MEDIA_ERR_NETWORK:
alert(" 网络发生故障，视频的下载过程被中止。");
break;
case MediaError.MEDIA_ERR_DECODE:
alert(" 解码失败。");
break;
case MediaError.MEDIA_ERR_SRC_NOT_SUPPORTED:
alert(" 不支持播放的视频格式。");
break;
}
},false);
}
function play(){
// 播放视频
video.play();
}
function pause(){
// 暂停视频
video.pause();
}
</script>
</head>
<body onLoad="init()">
<!-- 可以添加 controls 属性来显示浏览器自带的播放控制条 -->
<video id="video1" src="xiaoshipin.mp4"></video>
<br/>
<button onClick="play()"> 播放 </button>
<button onClick="pause()"> 暂停 </button>
</body>
</html>
```

代码的运行结果如图 7-12 所示。

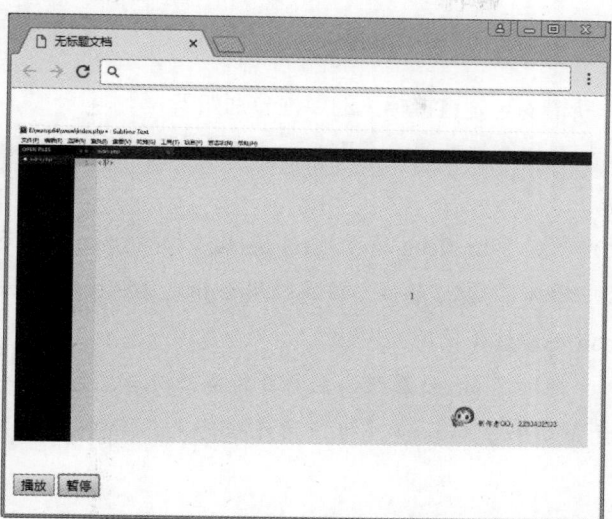

图 7-12

7.4 新增的属性

在 HTML5 中不仅新增了许多元素，还新增了一些属性，其中表单属性最重要。

7.4.1 表单相关属性

在 HTML5 中，表单新增属性如下：

◎ autofocus 属性：该属性可以用在 input（type=text，select，textarea，button）元素中。该属性可以让元素在打开页面时自动获得焦点。

◎ placeholder 属性：该属性可以用在 input(type=text,password,textarea) 元素中。使用该属性会对用户的输入进行提示，通常用于提示用户可以输入的内容。

◎ form 属性：该属性用在 input、output、select、textarea、button 和 fieldset 元素中。

◎ required 属性：该属性用在 input(type=text) 元素和 textarea 元素中，表示提交时，检查该元素内是否有输入内容。

◎ 在 input 元素与 button 元素中增加了新属性 formaction、formenctype、formmethod、formnovavalidate 与 formtarget，这些属性可以重载 form 元素的 action、enctype、method、novalidate 与 target 属性。

◎ 在 input 元素、button 元素和 form 元素中增加了 novalidate 属性，该属性取消了表单提交时进行的有关检查，可以被无条件提交。

7.4.2　其他相关属性

在 HTML5 中，新增的与超链接相关的属性分别如下。

◎ 在 a 与 area 元素中增加了 media 属性，该属性规定目标 URL 是用什么类型的媒介进行优化的。

◎ 在 area 元素中增加了 hreflang 属性与 rel 属性，以保持与 a 元素和 link 元素的一致。

◎ 在 link 元素中增加了 sizes 属性。该属性用于指定关联图标 (icon 元素) 的大小，通常可以与 icon 元素结合使用。

◎ 在 base 元素中增加了 target 属性，主要目的是保持与 a 元素的一致性。

◎ 在 meta 元素中增加了 charset 属性，该属性为文档字符编码的指定提供了良好的方式。

◎ 在 meta 元素中增加了 label 和 type 两个属性。label 属性为菜单定义一个可见的标注，type 属性让菜单可以以上下文菜单、工具条与列表菜单 3 种形式出现。

◎ 在 style 元素中增加了 scoped 属性，用来规定样式的作用范围。

◎ 在 script 元素中增加了 async 属性，该属性用于定义脚本是否异步执行。

7.5　课堂练习

本节内容讲解了 HTML5 中的新增元素及其属性，基础性极强。所以想要学好 HTML5 必须掌握本章的知识，接下来为大家准备了一个课堂练习，效果如图 7-13 所示。

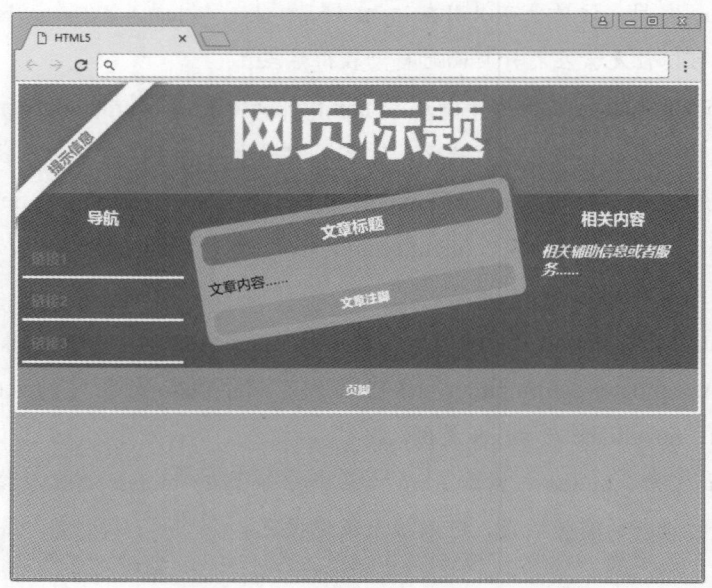

图 7-13

图 7-13 效果的代码如下：

```
<!DOCTYPE html>
<html>
<head>
<meta charset="utf-8" >
<title>HTML5</title>
<style>
body { background-color:#CCCCCC; font-family:Geneva, Arial, Helvetica, sans-serif; margin: 0px auto; max-width:900px; border:solid; border-color:#FFFFFF; }
header { background-color: #F47D31; display:block; color:#FFFFFF; text-align:center; }
header h2 { margin: 0px; }
h1 { font-size: 72px; margin: 0px; }
h2 { font-size: 24px; margin: 0px; text-align:center; color: #F47D31; }
h3 { font-size: 18px; margin: 0px; text-align:center; color: #F47D31; }
h4 { color: #F47D31; background-color: #fff; -webkit-box-shadow: 2px 2px 20px #888; -webkit-transform: rotate(-45deg); -moz-box-shadow: 2px 2px 20px #888; -moz-transform: rotate(-45deg); position: absolute; padding: 0px 150px; top: 50px; left: -120px; text-align:center; }
nav { display:block; width:25%; float:left; }
nav a:link, nav a:visited { display: block; border-bottom: 3px solid #fff; padding: 10px; text-decoration: none; font-weight: bold; margin: 5px; }
nav a:hover { color: white; background-color: #F47D31; }
nav h3 { margin: 15px; color: white; }
#container { background-color: #888; }
section { display:block; width:50%; float:left; }
article { background-color: #eee; display:block; margin: 10px; padding: 10px; -webkit-border-radius: 10px; -moz-border-radius: 10px; border-radius: 10px; -webkit-box-shadow: 2px 2px 20px #888; -webkit-transform: rotate(-10deg); -moz-box-shadow: 2px 2px 20px #888; -moz-transform: rotate(-10deg); }
article header { -webkit-border-radius: 10px; -moz-border-radius: 10px; border-radius: 10px; padding: 5px; }
article footer { -webkit-border-radius: 10px; -moz-border-radius: 10px; border-radius: 10px; padding: 5px; }
article h1 { font-size: 18px; }
aside { display:block; width:25%; float:left; }
aside h3 { margin: 15px; color: white; }
aside p { margin: 15px; color: white; font-weight: bold; font-style: italic; }
footer { clear: both; display: block; background-color: #F47D31; color:#FFFFFF; text-align:center; padding: 15px; }
footer h2 { font-size: 14px; color: white; }
/* links */
a { color: #F47D31; }
a:hover { text-decoration: underline; }
</style>
</head>
```

```
<body>
<header>
  <h1> 网页标题 </h1>
  <h2> 次级标题 </h2>
  <h4> 提示信息 </h4>
</header>
<div id="container">
  <nav>
    <h3> 导航 </h3>
    <a href="#"> 链接 1</a> <a href="#"> 链接 2</a> <a href="#"> 链接 3</a> </nav>
  <section>
    <article>
      <header>
        <h1> 文章标题 </h1>
      </header>
      <p> 文章内容 ......</p>
      <footer>
        <h2> 文章注脚 </h2>
      </footer>
    </article>
  </section>
  <aside>
    <h3> 相关内容 </h3>
    <p> 相关辅助信息或者服务 ......</p>
  </aside>
  <footer>
    <h2> 页脚 </h2>
  </footer>
</div>
</body>
</html>
```

强化训练

学习完本章的知识后，相信大家对 HTML5 中新增属性和元素有了一个全新的认识，下面的练习就是根据本章所涉及的知识设计的，请根据图 7-14、图 7-15、图 7-16 所示制作出一样的效果。

在第一个窗口中输入数字 2：

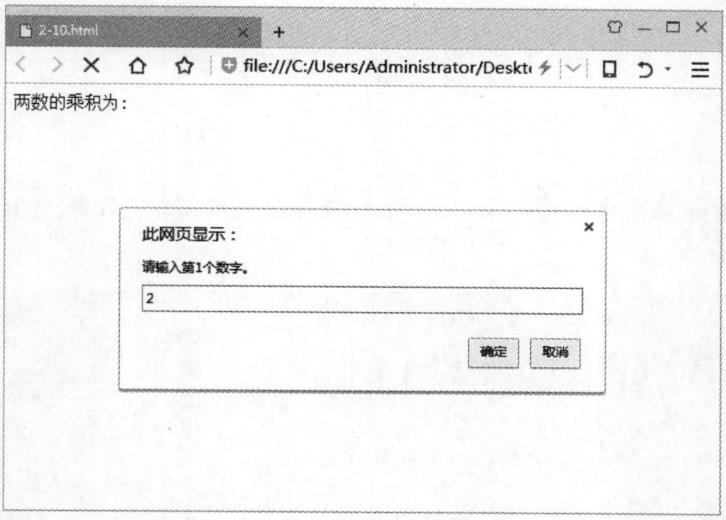

图 7-14

在第二个窗口中输入数字 3：

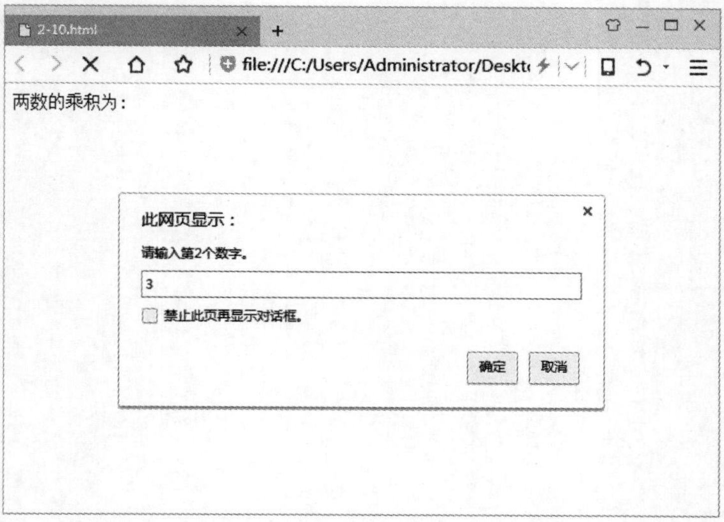

图 7-15

单击"确定"按钮，可以得到两个数的乘积为 6。

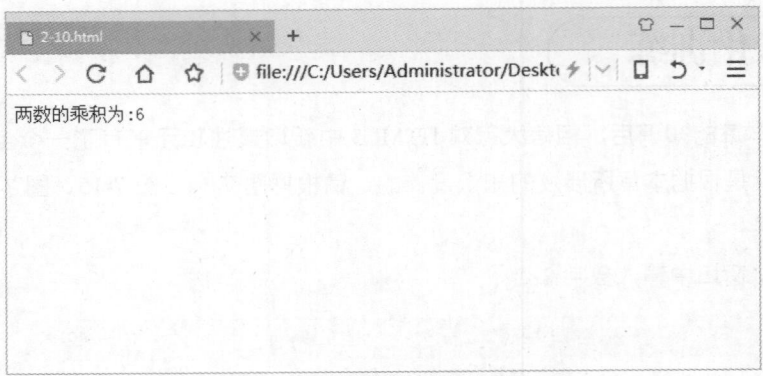

图 7-16

操作提示:

利用新增的元素属性 function multi() 函数可以做出一个简单的计算器的效果。

提示代码如下:

```
<script type="text/javascript">
    function multi(){
        a=parseInt(prompt(" 请输入第 1 个数字。",0));
        b=parseInt(prompt(" 请输入第 2 个数字。",0));
        document.forms["form"]["result"].value=a*b;
    }
</script>
```

第8章
制作新型表单

HTML 5

内容概要

　　表单是 HTML5 最大的改进之一，HTML5 表单大大改进了表单的功能和表单的语义化。对于 Web 全段开发者而言，HTML5 表单大大提高了工作效率。本章将讲解 HTML5 中表单的应用。

学习目标

- ◆ 了解表单在哪里应用
- ◆ 掌握新增表单元素可以使用的属性及使用方法
- ◆ 学会新增的表单输入型控件的使用方法

知识导图

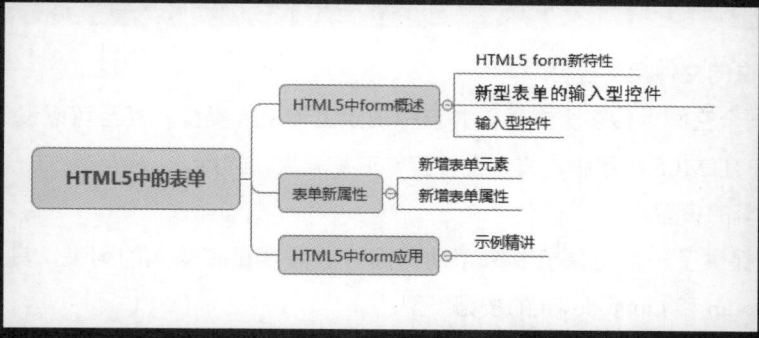

课时安排

- ◆ 理论知识 1 课时
- ◆ 上机练习 1 课时

HTML5 网页设计经典课堂

8.1 认识 HTML5 forms

HTML5 forms 被业界称为 Web Forms 2.0，是对目前 web 表单的全面升级，在保持简便易用特性的同时，还增加了许多内置控件和属性来满足用户的需求，同时减轻了开发人员的编程工作量。

8.1.1 HTML5 forms 新特性

HTML5 主要在以下几个方面对目前的 web 表单做了改进。

（1）内建的表单校验系统

HTML5 为不同类型的输入控件各自提供了新的属性来控制其输入行为，如常见的必填项 required 属性，以及数字类型控件提供的 max、min 等。在提交表单时，如果校验错误，浏览器将不执行提交操作，此时会给出相应的提示信息。

应用代码如下：

```
<input type="text" required/>
<input type="number" min="1" max="10"/>
```

（2）新的控件类型

HTML5 中提供了一系列的新控件，完全具备类型检查的功能，如 email 输入框。

应用代码如下：

```
<input type="email" />
```

（3）改进的文件上传控件

可以用一个空间上传多个文件，并自行规定上传文件类型，甚至可以设定每个文件的最大容量。在 HTML5 应用中，文件上传控件非常强大和易用。

（4）重复的模型

HTML5 提供了一套重复机制来帮助构建一些需要重复输入的列表，其中包括 add、remove、move-up 和 move-down 的按钮类型。

在应用 HTML5 forms 时，各浏览器的支持程度不一，因此，需要熟练掌握各浏览器对 HTML5 forms 的支持情况。表 8-1 列出了各种浏览器对 HTML5 输入型控件属性和元素的支持情况。

表 8-1

Input type	IE	Firefox	Opera	Chrome	Safari
email	No	4.0	9.0	10.0	No

174

（续表）

Input type	IE	Firefox	Opera	Chrome	Safari
url	No	4.0	9.0	10.0	No
number	No	No	9.0	7.0	No
range	No	No	9.0	4.0	4.0
Date pickers	No	No	9.0	10.0	No
search	No	4.0	11.0	10.0	No
color	No	No	11.0	No	No
datalist	No	No	9.5	No	No
keygen	No	No	10.5	3.0	No
output	No	No	9.5	No	No
autocomplete	8.0	3.5	9.5	3.0	4.0
autofocus	No	No	10.0	3.0	4.0
forms	No	No	9.5	No	No
forms overrides	No	No	10.5	No	No
height and width	8.0	3.5	9.5	3.0	4.0
list	No	No	9.5	No	No
min, max and step	No	No	9.5	3.0	No
multiple	No	3.5	No	3.0	4.0
novalidate	No	No	No	No	No
pattern	No	No	9.5	3.0	No
placeholder	No	No	No	3.0	3.0
required	No	No	9.5	3.0	No

　　通过表 8.1 可以看出，Opera 浏览器对新的输入类型的支持度最好。即使不被支持，仍然可以显示为常规的文本域。在学习中使用不同的浏览器会在支持度和外观上出现一定差异。

8.1.2　新型表单的输入型控件

　　HTML5 拥有多个新的表单输入型控件。这些新特性提供了更友好的输入控制和验证。

（1）Input 类型 email

email 类型用于应该包含 E-mail 地址的输入域。

在提交表单时，会自动验证 email 域的值。

代码示例如下：

```
E-mail:<input type="email" name="email_url" />
```

（2）Input 类型 url

url 类型用于应该包含 url 地址的输入域。

当添加此属性后提交表单时，表单会自动验证 url 域的值。

代码示例如下：

```
Home-page: <input type="url" name="user_url" />
```

知识拓展

iPhone 中的 Safari 浏览器支持 url 输入类型，并通过改变触摸屏键盘来配合它（添加 .com 选项）。

（3）Input 类型 number

number 类型用于应该包含数值的输入域，用户能够设定对所接收数字的限定。

代码示例如下：

```
points: <input type="number" name="points" max="10" min="1" />
```

请使用下面的属性来规定对数字类型的限定：

◎ Max：number　　规定允许的最大值。

◎ Min：number　　规定允许的最小值。

◎ Step：number　　规定合法的数字间隔（如果 step="3"，则合法的数字是 -3,0,3,6 等）。

◎ Valu：number　　规定默认值。

知识拓展

iPhone 中的 Safari 浏览器支持 number 输入类型，并通过改变触摸屏键盘来配合它（显示数字）。

（4）Input 类型 range

range 类型用于应该包含一定范围内数字值的输入域，在页面中显示为可移动的滑动条。还能够设定对所接收数字的限定。

小试身手 数字的限定

下面通过 range 属性制作一个数字的选择值。

```
<input name="range" type="range" value="20" min="2" max="100" step="5" />
```

请使用下面的属性来规定对数字类型的限定：

◎ Max：number 规定允许的最大值。

◎ Min：number 规定允许的最小值。

◎ Step：number 规定合法的数字间隔（如果 step="3"，则合法的数字是 -3,0,3,6 等）。

◎ Value：number 规定默认值。

代码的运行结果如图 8-1 所示。

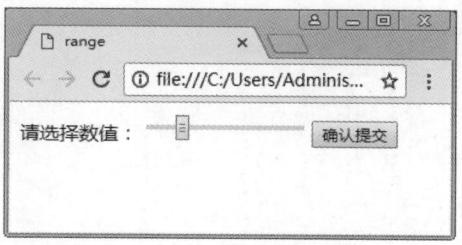

图 8-1

（5）Input 类型 Date Pickers（日期选择器）

HTML5 拥有多个可供选取日期和时间的新输入类型。

◎ Date：选取日、月、年。

◎ Month：选取月、年。

◎ Week：选取周和年。

◎ Time：选取时间（小时和分钟）。

◎ Datetime：选取时间、日、月、年（UTC 时间）。

◎ Datetime-loca：选取时间、日、月、年（本地时间）。

小试身手 制作日期选择器

制作日期选择器的代码示例如下：

```
<!DOCTYPE html>
<html lang="en">
```

```
<head>
<meta charset="UTF-8">
<title>date&time 输入类型 </title>
</head>
<body>
出生日期：
<input name="date1" type="date" value="2017-11-31"/>
出生时间：
<input name="time1" type="time" value="10:00"/>
</body>
</html>
```

代码的运行结果如图 8-2 所示。

图 8-2

（6）Input 类型 search

search 类型用于搜索域，如百度搜索，在页面中显示为常规的单行文本输入框。

（7）Input 类型 color

color 类型用于颜色，可以在浏览器中直接使用拾色器找到想要的颜色。

小试身手　制作颜色选择器

颜色选择器的代码示例如下：

```
color: <input type="color" name="color_type"/>
```

代码的运行结果如图 8-3 所示。

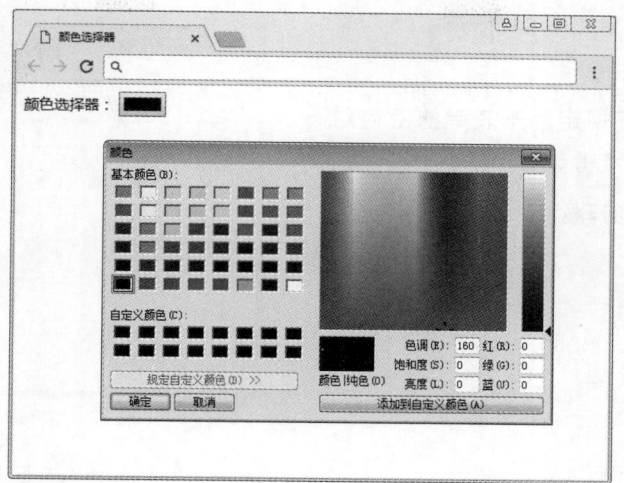

图 8-3

8.2 表单新属性

在 HTML5 forms 中新添了很多新属性，这些新属性与传统表单相比，功能更加强大，用户体验更好。

8.2.1 新增表单元素

在 HTML5 forms 中，添加了一些新的表单元素，这些元素能够更好地帮助完成开发工作，并更好地满足客户需求。新增表单元素有 datalist、keygen、Output。

（1）datalist 元素

<datalist> 标签定义选项列表。请与 input 元素配合使用该元素，来定义 input 可能的值。datalist 及其选项不会被显示出来，它仅仅是合法的输入值列表。

 小试身手　定义选项列表

选项列表的定义代码如下：

```
<input list="cars" />
<datalist id="cars">
<option value="BMW">
<option value="Ford">
<option value="Volvo">
</datalist>
```

代码的运行效果如图 8-4 所示。

（2）keygen 元素

<keygen> 标签规定用于表单的密钥对生成器字段。当提交表单时，私钥存储在本地，公钥发送到服务器。

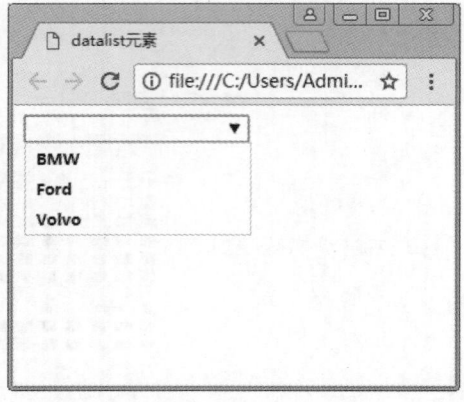

图 8-4

小试身手   生成表单秘钥

生成表单秘钥的示例代码如下：

```
<!DOCTYPE html>
<html lang="en">
<head>
<meta charset="UTF-8">
<title> keygen 元素 </title>
</head>
<body>
<forms action="demo_keygen.asp" method="get">
Username: <input type="text" name="usr_name" />
Encryption: <keygen name="security" />
<input type="submit" />
</forms>
</body>
</html>
```

代码的运行结果如图 8-5 所示。

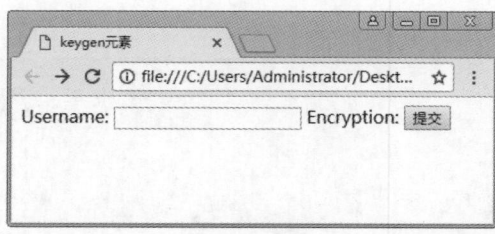

图 8-5

在这里，很多人可能会好奇 <keygen> 标签到底是干什么的，一般会在什么样的场景下去使用？

首先 \<keygen\> 标签会生成一个公钥和私钥，私钥会存放在用户本地，公钥会发送到服务器。那么 \<keygen\> 标签生成的公钥 / 私钥是用来做什么的呢？在看到公钥 / 私钥时，应该会想到非对称加密。\<keygen\> 标签在这里起到相同的作用。

使用 \<keygen\> 标签的优点有以下几个：

◎ 可以提高验证时的安全性。

◎ 如果作为客户端证书使用，可以提高对 MITM 攻击的防御力度。

◎ \<keygen\> 标签是跨浏览器实现的，且实现起来非常容易。

（3）output 元素

\<output\> 标签定义不同类型的输出，如脚本的输出。

小试身手 输出表单的类型

通过使用 output 元素做出一个简易的加法计算器，示例代码如下：

```
<!DOCTYPE html>
<html lang="en">
<head>
<meta charset="UTF-8">
<title>output 元素 </title>
</head>
<forms oninput="x.value=parseInt(a.value)+parseInt(b.value)">0
<input type="range" id="a" value="50">100
+<input type="number" id="b" value="50">
=<output name="x" for="a b"></output>
</forms>
</body>
</html>
```

代码的运行结果如图 8-6 所示。

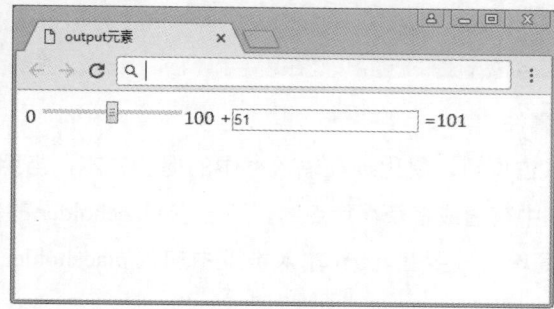

图 8-6

8.2.2 新增表单属性

新增表单属性和新增的输入控件一样，无论目标浏览器是否支持新增属性，都可以放心使用，这是因为现在大多数浏览器在不支持这些属性时，会忽略它们，而不是报错。

（1）forms 属性

在 HTML4 中，表单内的从属元素必须写在表单内部，而在 HTML5 中，可以将其写在页面上的任何位置，然后给元素指定一个 forms 属性，属性值为该表单单位的 id，这样就可以声明该元素从属于指定表单了。

示例代码如下：

```
<forms action="" id="myForms">
<input type="text" name="">
</forms>
<input type="submit" forms="myForms" value=" 提交 ">
```

在上面示例中，提交表单并没有写在 <forms> 表单元素内部，但是在 HTML5 中即便没有写在 <forms> 表单中也依然可以执行自己的提交动作，这样带来的好处就是在写页面布局时无须考虑页面结构是否合理。

（2）formaction 属性

在 HTML4 中，一个表单内的所有元素都只能通过表单的 action 属性统一提交到另一个页面，而在 HTML5 中可以给所有的提交按钮，如 <input type="submit" /><input type="image" src="" /> 和 <button type="submit"></button> 都增加不同的 formaction 属性，使得点击不同的按钮，可以将表单中的内容提交到不同页面。

示例代码如下：

```
<formaction="" id="myForm">
<input type="text" name="">
<input type="submit" value="" formaction="a.php">
<input type="image" src="img/logo.png" formaction="b.php">
<button type="submit" formaction="c.php"></button>
</forms>
```

（3）placeholder 属性

placeholder 是输入占位符，是出现在输入框中的提示文本，当用户点击输入栏时，它会自动消失。当输入框中有值或者获得焦点时，不显示 placeholder 的值。

其使用方法非常简单，只要在 input 输入类型中加入 placeholder 属性，然后指定提示文字即可。

小试身手 输入占位符

制作输入框中的提示文字代码如下：

```
<input type="text" name="username" placeholder=" 请输入用户名 "/>
```

代码的运行结果如图 8-7 所示。

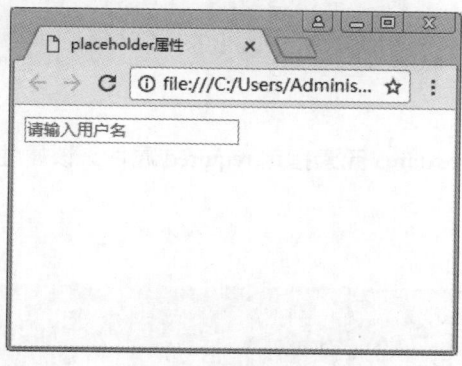

8-7

（4）autofocus 属性

autofocus 属性用于指定 input 在网页加载后自动获得焦点。

小试身手 自动获得焦点

页面加载完成后光标会自动跳转到输入框，等待用户输入的代码如下：

```
<input type="text" autofocus/>
```

代码的运行结果如图 8-8 所示。

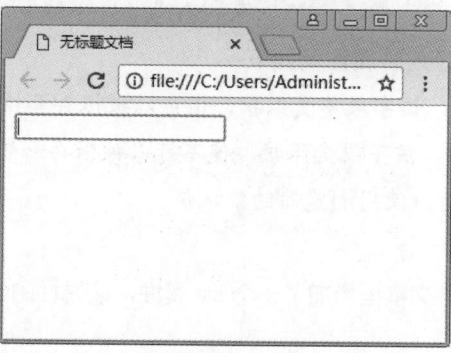

图 8-8

（5）novalidate 属性

新版本的浏览器会在提交时对 email、number 等语义 input 做验证，有的会显示验证失败信息，有的则不提示失败信息只是不提交，因此，为 input、button 和 forms 等增加

novalidate 属性，有关检查会被取消，表单将无条件提交。

示例代码如下：

```
<forms action="novalidate" >
<input type="text">
<input type="email">
<input type="number">
<input type="submit" value="">
</forms>
```

（6）required 属性

可以对 input 元素与 textarea 元素指定 required 属性。该属性表示在用户提交时检查该元素内是否有输入内容。

示例代码如下：

```
<forms action="" novalidate>
<input type="text" name="username" required />
<input type="password" name="password" required />
<input type="submit" value=" 提交 ">
</forms>
```

（7）autocomplete 属性

autocomplete 属性用来保护敏感用户数据，避免本地浏览器进行不安全存储。简单来说，就是设置 input 在输入时是否显示之前的输入项。如可以应用在登录用户处，避免安全隐患。

示例代码如下：

```
<input type="text" name="username" autocomplete />
```

autocomplete 属性可输入的属性值如下：

◎ 其属性值为 on 时，该字段不受保护，值可以被保存和恢复。

◎ 其属性值为 off 时，该字段受保护，值不可以被保存和恢复。

◎ 其属性值不指定时，使用浏览器的默认值。

（8）list 属性

在 HTML5 中，为单行文本框增加了一个 list 属性，该属性的值为某个 datalist 元素的 id。

小试身手 检索 datalist 元素的值

list 属性的示例代码如下：

```
<input list="cars" />
<datalist id="cars">
```

```
<option value="BMW">
<option value="Ford">
<option value="Volvo">
</datalist>
```

代码的运行结果如图 8-9 所示。

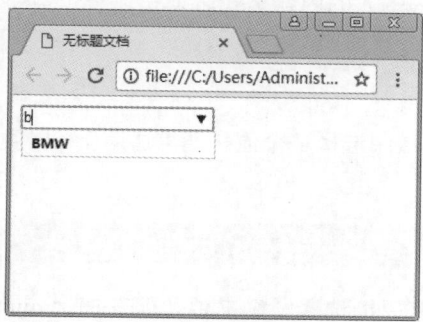

图 8-9

（9）min 和 max 属性

min 与 max 这两个属性是数值类型或日期类型 input 元素的专用属性，限制了在 input 元素中输入数字与日期的范围。

小试身手 限制数字范围

min 和 max 属性的示例代码如下：

```
<input type="number" min="0" max="100" />
```

代码的运行结果如图 8-10 所示：

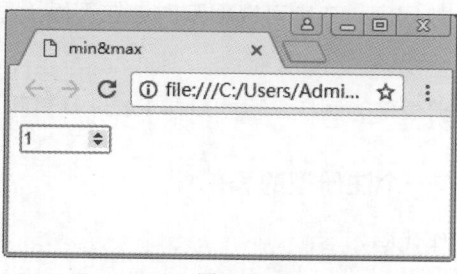

图 8-10

（10）step 属性

step 属性控制 input 元素中的值增加或减少时的步幅。

示例代码如下：

```
<input type="number" step="4"/>
```

（11）pattern 属性

pattern 属性主要通过一个正则表达式验证输入内容。

示例代码如下：

```
<input type="text" required pattern="[0-9][a-zA-Z]{5}" />
```

上述代码表示该文本内输入的内容格式必须是以一个数字开头，后面紧跟 5 个字母，字母大小写类型不限。

（12）multiple 属性

multiple 属性允许输入域中选择多个值。通常适用于 file 类型。

示例代码如下：

```
<input type="file" multiple />
```

上述代码 file 类型本来只能选择一个文件，但在加上 multiple 之后可以同时选择多个文件进行上传操作。

 ## 8.3　HTML5 中 forms 的应用

用户注册页面都会用到的一个界面，通常包括以下几个元素：

◎ 用户名：作为登录使用。

◎ 密码：登录时使用。

◎ 邮箱，电话以及其他个人信息等。

在对注册表单进行提交操作时，通常都会对用户名、密码和邮箱等信息进行验证，一来可以防止非法字符进入数据库，二来可以很及时地在页面上显示异常，避免用户的多次操作。

下面通过一个常见注册表单的制作，巩固所学 forms 及其新增属性知识的应用。

小试身手　制作一个注册型的表单

制作注册型表单的制作代码如下：

```
<!DOCTYPE html>
<html lang="en">
<head>
<meta charset="UTF-8">
<title>HTML5 Forms</title>
<style>
*{margin:0;padding:0;}
```

```
  h1{
  text-align: center;
  background:#ccc;
  }
  forms{
  /* text-align:center; */
  }
  div{
  padding:10px;
  padding-left:50px;
  }
  .prompt_word{
  color:#aaa;
  }
  </style>

  </head>
  <body>
  <h1> 用户注册表 </h1>
  <forms id="userForms" action="#" method="post" oninput="x.value=userAge.value">
  <div>
  用户名：<input type="text" name="username" required pattern="[0-9a-zA-z]{6,12}" placeholder=" 请输入用户名
  ">
  <span class="prompt_word"> 用户名必须是 6-12 位英文字母或者数字组成 </span>
  </div>
  <div>
  密码：<input type="password" name="pwd2" id="pwd1" required placeholder=" 请输入密码 " pattern="[a-zA-Z]
  [a-zA-Z0-9]{10,20}" />
  <span class="prompt_word"> 密码必须是英文字母开头和数字组成的 10-20 位字符组成 </span>
  </div>
  <div>
  确 认 密 码：<input type="password" name="pwd2" id="pwd2" required placeholder=" 请 再 次 输 入 密 码 "
  pattern="[a-zA-Z][a-zA-Z0-9]{10,20}" />
  <span class="prompt_word"> 两次密码必须一致 </span>
  </div>
  <div>
  姓名：<input type="text" placeholder=" 请输入您的姓名 " />
  </div>
  <div>
  生日：<input type="date" id="userDate" name="userDate">
  </div>
  <div>
```

```
主页：<input type="url" name="userUrl" id="userUrl">
</div>
<div>
邮箱：<input type="email" name="userEmail" id="userEmail">
</div>
<div>
年龄：<input type="range" id="userAge" name="userAge" min="1" max="120" step="1" />
<output for="userAge" name="x"></output>
</div>
<div>
性　别：<input type="radio" name="sex" value="man" checked> 男 <input type="radio" name="sex" value="woman"> 女
</div>
<div>
头像：<input type="file" multiple>
</div>
<div>
学历：<input type="text" list="userEducation">
<datalist id="userEducation">
<option value=" 初中 "> 初中 </option>
<option value=" 高中 "> 高中 </option>
<option value=" 本科 "> 本科 </option>
<option value=" 硕士 "> 硕士 </option>
<option value=" 博士 "> 博士 </option>
<option value=" 博士后 "> 博士后 </option>
</datalist>
</div>
<div>
个人简介：<textarea name="userSign" id="userSign" cols="40" rows="5"></textarea>
</div>
<div>
<input type="checkbox" name="agree" id="agree"><label for="agree"> 我同意注册协议 </label>
</div>
</forms>
<div>
<input type="submit" value=" 确认提交 " forms="userForms" />
</div>
</body>
</html>
```

代码的运行结果如图 8-11 所示。

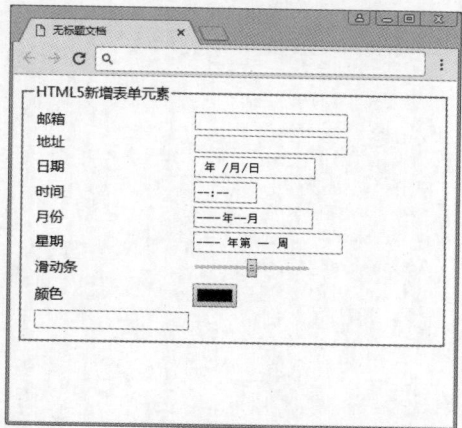

图 8-11

8.4 课堂练习

根据以上所学知识，完成如图 8-12 所示的表单。

图 8-12

图 8-12 效果代码如下：

```
<!doctype html>
<html>
<head>
<meta charset="utf-8">
<title> 无标题文档 </title>
```

```
    </head>
    <body>
    <forms action="Test.html" method="get">
      <fieldset>
        <legend>HTML5 新增表单元素 </legend>
        <table>
          <tr>
            <td> 邮箱 </td>
            <td><input type="email" name="email"></td>
          </tr>
          <tr>
            <td> 地址 </td>
            <td><input type="url" name="url"></td>
          </tr>
          <tr>
            <td> 日期 </td>
            <td><input type="date" name="data"></td>
          </tr>
          <tr>
            <td> 时间 </td>
            <td><input type="time" name="time"></td>
          </tr>
          <tr>
            <td> 月份 </td>
            <td><input type="month" name="month"></td>
          </tr>
          <tr>
            <td> 星期 </td>
            <td><input type="week" name="week"></td>
          </tr>
          <tr>
            <td> 滑动条 </td>
            <td><input type="range" name="range"></td>
          </tr>
          <tr>
            <td> 颜色 </td>
            <td><input type="color" name="color"></td>
          </tr>
          <tr>
            <td><input type=" 提交 "></td>
          </tr>
        </table>
      </fieldset>
    </forms>
    </body>
    </html>
```

强化训练

新型表单一改以往表单的老气样式，使用 HTML5 新增的表单元素和属性可以制作出很多好看且新颖的注册性表单。

请根据图 8-13 所示的表单，制作出类似或者相同的表单。

图 8-13

操作提示：

此表单的关键性代码如下：

```html
<fieldset>
<ol>
<li><label for=username> 用户昵称：</label><input id=username name=username
autofocus required>
<li><label for=uemail>Email：</label><input id=uemail type=email name=uemail
required placeholder="example@domain.com">
<li><label for=age> 工 作 年 龄：</label><input id=age type=range  name=range1 max="60" min="18"><output
onforminput="value=range1.value">30</output>
<li><label for=age2> 年龄 :</label><input id=age2 type=number required
placeholder="your age">
<li><label for=birthday> 出生日期：</label><input id=birthday type=date>
<datalist id=searchlist>
<option label="Google" value="http://www.google.com" />
<option label="Baidu" value="http://www.baidu.com" />
</datalist></li>
</ol>
</fieldset>
```

以上提示代码为 HTML 部分。

第9章
地理位置请求

内容概要

　　地理信息定位被广泛应用于科研、侦查和安全等领域。在 HTML5 中，使用 Geolocation API 和 position 对象，可以获取用户当前的地理位置，同时也可以将用户当前所在的地理位置信息在地图上标注出来。本章将讲解有关地理位置信息处理的相关知识。

学习目标

◆ 学会 Geolocation 属性的使用方法
◆ 了解各种浏览器对 Geolocation 的支持情况
◆ 掌握在页面上使用地图的基本方法

知识导图

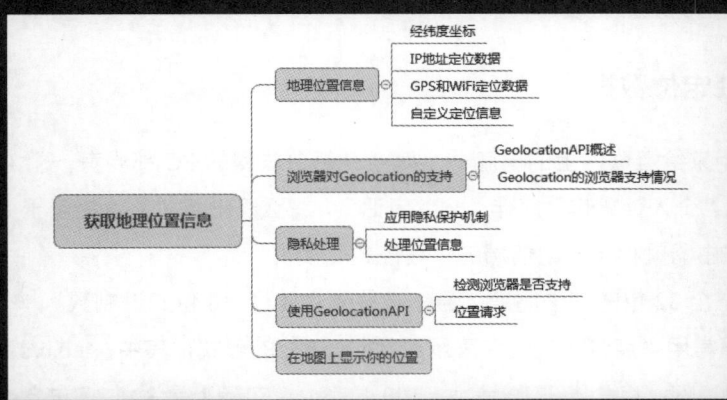

课时安排

◆ 理论知识 1 课时
◆ 上机练习 1 课时

9.1 关于地理位置信息

如何利用 HTML5 获取地理信息、IP 地址，实现 GPS 导航定位，以及 WiFi 基站的 MAC 地址服务等，这些在 HTML5 中均可通过 API 实现。

9.1.1 经度和纬度坐标

经纬度是经度与纬度的合称，它们共同组成一个坐标系统，被称为地理坐标系统，它是一种利用三度空间的球面定义地球上空间球面的坐标系统，能够标示地球上的任何一个位置。

纬线和经线是为度量方便而假设出来的辅助线，定义为地球表面某点随地球自转所形成的轨迹。任何一根纬线都是一个圆弧且两两平行。纬线的长度是赤道的周长乘以纬线纬度的余弦，所以赤道最长，离赤道越远的纬线周长越短，到了两极就缩为 0。从赤道向北和向南，各分 90°，称为北纬和南纬，分别用"N"和"S"表示。

经线也称子午线，和纬线一样是为度量方便而假设出来的辅助线，定义为地球表面连接南北两极大圆线上的半圆弧。任意两根经线的长度均相等，且相交于南北两极点。每一根经线都有其相对应的数值，称为经度，经线用于指示南北方向。

子午线命名的由来："某一天体在运动轨迹中，同一子午线上的各点在该天体上中天（午）与下中天（子）出现的时刻相同。"不同的经线具有不同的地方时。偏东的地方时要比较早，偏西的地方时较迟。

9.1.2 IP 地址定位数据

IP 地址被用来给互联网上的电脑一个编号。每台联网的 PC 都要有一个 IP 地址才能正常通信。可以把"个人计算机"比作"一台电话"，那么"IP 地址"就相当于"电话号码"，而互联网中的路由器就相当于电信局的"程控式交换机"。

IP 地址是一个 32 位的二进制数，通常被分隔为 4 个"8 位二进制数"（也就是 4 个字节）。IP 地址通常用"点分十进制"表示成（a.b.c.d）的形式，其中，a,b,c,d 都是 0~255 之间的十进制整数。例：点分十进 IP 地址（100.4.5.6），实际上是 32 位二进制数（01100100.00000100.00000101.00000110）。

基于 IP 地址定位的实现方法主要分为以下两个步骤：

第 1 步：自动查找用户的 IP 地址。

第 2 步：检索其注册的物理地址。

9.1.3 GPS 地理定位数据

GPS 是英文 Global Positioning System（全球定位系统）的简称。GPS 起始于 1958 年美国军方的一个项目，1964 年投入使用。利用该系统，可以在全球范围内实现全天候、连续和实时的三围导航定位和测速。另外，利用该系统，还可以进行高精度的事件传递和高精度的精密定位。

与 IP 地址定位不同的是，使用 GPS 可以非常精确地定位数据，但是它也有一个非常致命的缺点，就是定位时间比较长，这一缺点使得它不适用于需要快速定位响应数据的应用程序。

9.1.4 WiFi 地理定位数据

WiFi 是一种允许电子设备连接到一个无线局域网（WLAN）的技术，通常使用 2.4G UHF 或 5G SHF ISM 射频频段。连接到无线局域网通常是有密码保护的，但也可以是开放的，这样就能让任何在 WLAN 范围内的设备都连接上。WiFi 是一个无线网络通信技术的品牌，由 WiFi 联盟所持有。目的是改善基于 IEEE 802.11 标准的无线网路产品之间的互通性。有人把使用 IEEE 802.11 系列协议的局域网称为无线保真。甚至把 WiFi 等同于无线网际网路（WiFi 是 WLAN 的重要组成部分）。

WiFi 的地理定位数据具有定位准确，可以在室内使用，以及简单、快速定位等优点，但在无线接入点比较少的地区，WiFi 定位的效果不是很好。

9.1.5 自定义地理定位

除了上面的几个地理定位方式之外，还可以通过用户自定义的方法实现地理定位数据。例如，用户输入自己的地址、联系电话和邮件地址等详细信息，应用程序可以利用这些信息提供位置感知服务。

当然，由于各种限制，用户自定义的地理定位数据可能存在不准确的结果，特别是在用户的当前位置改变后。但是用户自定义地理定位的方式还是具有很多优点的，表现为以下两个方面：

◎ 能够允许地理定位服务的结果作为备用位置信息。

◎ 用户自行输入可能会比检测更快。

 ## 9.2 各种浏览器对 Geolocation 的支持

各种浏览器之间对 HTML5 Geolocation 的支持情况是不一样的，且还在不断更新中。

本节首先对 HTML5 Geolocation API 进行介绍，然后再讲解各种浏览器之间对 HTML5 Geolocation API 的支持情况。

9.2.1 Geolocation API 概述

HTML5 中的 GPS 定位功能主要应用的是 getCurrentPosition() 方法，该方法封装在 navigator.geolocation 属性里，是 navigator.geolocation 对象的方法。

getCurrentPosition() 函数简介：

使用 getCurrentPosition() 方法可以获取用户当前的地理位置信息，该方法的定义如下：

```
getCurrentPosition(successCallback,errorCallback,positionOptions);
```

（1）successCallback

表示调用 getCurrentPosition() 函数成功以后的回调函数，该函数带有一个参数，表示获取到的用户位置数据。该对象包含两个属性 coords 和 timestamp。其中 coords 属性包含以下 7 个值：

◎ accuracy：精确度。

◎ latitude：纬度。

◎ longitude：经度。

◎ altitude：海拔。

◎ altitude Acuracy：海拔高度的精确度。

◎ heading：朝向。

◎ speed：速度。

（2）errorCallback

和 successCallback 函数一样带有一个参数，为对象字面量格式，表示返回的错误代码。它包含以下两个属性：

◎ message：错误信息。

◎ code：错误代码。

其中错误代码包括以下 4 个值：

◎ UNKNOW_ERROR：表示不包括在其他错误代码中的错误，这里可以在 message 中查找错误信息。

◎ PERMISSION_DENIED：表示用户拒绝浏览器获取位置信息的请求。

◎ POSITION_UNAVALIABLE：表示网络不可用或者连接不到卫星。

◎ TIMEOUT：表示获取超时。在 options 中指定了 timeout 值时才有可能发生这种错误。

（3）positionOptions

positionOptions 的数据格式为 JSON，有 3 个可选属性：

◎ enableHighAcuracy——布尔值：表示是否启用高精确度模式，如果启用这种模式，浏览器在获取位置信息时可能需要耗费更多的时间。

◎ timeout——整数：表示浏览需要在指定的时间内获取位置信息，否则将触发 errorCallback。

◎ maximumAge——整数 / 常量：表示浏览器重新获取位置信息的时间间隔。

小试身手 获取当前位置方法

使用 getCurrentPosition 方法获取当前位置信息的示例代码如下：

```
<!DOCTYPE HTML>
<head>
<script type="text/javascript">
function showLocation(position) {
var latitude = position.coords.latitude;
var longitude = position.coords.longitude;
alert("Latitude : " + latitude + " Longitude: " + longitude);
}
function errorHandler(err) {
if(err.code == 1) {
alert("Error: Access is denied!");
}else if( err.code == 2) {
alert("Error: Position is unavailable!");
}
}
function getLocation(){
if(navigator.geolocation){
// timeout at 60000 milliseconds (60 seconds)
var options = {timeout:60000};
navigator.geolocation.getCurrentPosition(showLocation, errorHandler, options);
}else{
alert("Sorry, browser does not support geolocation!");
}
}
</script>
</head>
<body>
<form>
```

```
<input type="button" onclick="getLocation();" value="Get Location"/>
</form>
</body>
</html>
```

代码的运行结果如图 9-1 所示。

单击按钮出现的地理位置请求如图 9-2 所示。

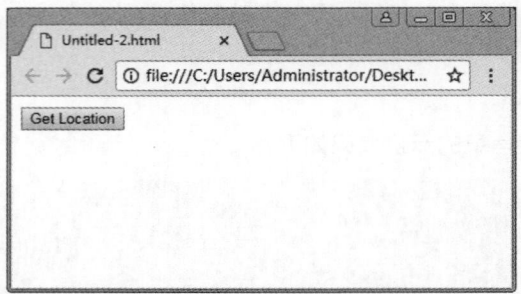

图 9-1

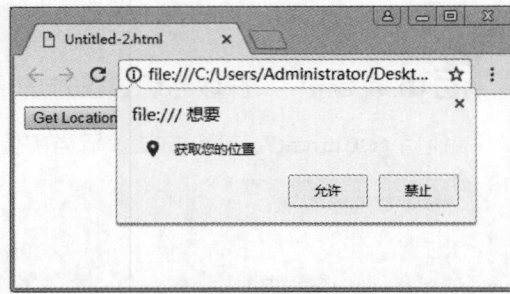

图 9-2

除了 getCurrentPosition() 方法可以定位用户的地理位置信息，还有另外两个方法。

（1）watchCurrentPosition() 方法

该方法用于定期自动地获取用户的当前位置信息，定义如下：

```
watchCurrentPosition(successCallback,errorCallback,positionOptions);
```

该方法返回一个数字，这个数字的使用方法与 javascript 中 setInterval() 方法返回参数的使用方法类似。该方法也有 3 个参数，这 3 个参数的使用方法与 getCurrentPosition() 方法中的参数说明与使用方法相同，在此不再赘述。

（2）clearWatch() 方法

该方法用于停止对当前用户地理位置信息的监视，定义如下：

```
clearWatch(watchId);
```

该方法的参数 watchid 是调用 watchPosition() 方法监视地理位置信息时的返回参数。

9.2.2 Geolocation 的浏览器支持情况

目前互联网中运行着各式各样的浏览器，本章只对五大浏览器的支持情况进行分析，其他浏览器多数都是使用五大浏览器的内核，所以不对其做分析与比较。

支持 HTML5 Geolocation 的浏览器有以下几种：

◎ Firefox 浏览器，Firefox 3.5 及以上的版本支持 HTML5 Geolocation。

◎ IE 浏览器。在该浏览器中通过 Gears 插件支持 HTML5 Geolocation。

◎ Opera 浏览器。Opera10.0 版本及以上版本支持 HTML5 Geolocation。

◎ Safrai 浏览器。Safrai 4 以及 iPhone 支持 HTML5 Geolocation。

 ## 9.3　隐私处理

HTML5 Geolocation 规范提供了一套保护用户隐私的机制。在未经许可的情况下不可以获取用户的地理位置信息。

9.3.1　应用隐私保护机制

在用户允许的情况下，其他用户可以获取用户的位置信息。在访问 HTML5 Geolocation API 页面时，会触发隐私保护机制。在 Firefox 浏览器中执行 HTML5 Geolocation 代码时就会触发这一隐私保护机制。当代码被执行时，网页中会弹出一个是否确认分享用户方位信息的对话框，只有点击"共享位置信息"按钮时，才会获取用户的位置信息。

9.3.2　处理位置信息

用户的信息通常属于敏感信息，因此在接收到之后，必须小心地进行处理和存储。如果用户没有授权存储这些信息，那么应用程序在得到这些信息之后应立即删除。

在手机地理定位数据时，应用程序应着重提示用户以下几个方面内容。

◎ 掌握收集位置数据的方法。

◎ 了解收集位置数据的原因。

◎ 知道位置信息能够保存多久。

◎ 保证用户位置信息的安全。

◎ 掌握位置数据共享的方法。

9.4　使用 Geolocation API

Geolocation API 用于将用户当前位置信息共享给信任的站点，这涉及用户的隐私安全问题，所以当一个站点需要获取用户当前位置时，浏览器会提示"允许"或者"拒绝"。

9.4.1　检测浏览器是否支持

在做开发之前需要的浏览器是否支持所要完成的工作，在浏览器不支持时可提前准备一些替代方案。

小试身手　检测浏览器的支持情况

检测浏览器是否支持 Geolocation API 的示例代码如下：

```
<!DOCTYPE html>
<html lang="en">
<head>
<meta charset="UTF-8">
<title>Document</title>
<script>
window.onload = function(){
show();
function show(){
if(navigator.geolocation){
document.getElementById("text").innerHTML = " 您的浏览器支持 HTML5Geolocation ！ ";
}else{
document.getElementById("text").innerHTML = " 您的浏览器不支持 HTML5Geolocation ！ ";
}
}
}
</script>
</head>
<body>
<h1 id="text"></h1>
</body>
</html>
```

只需要一个函数即可检测浏览器是否支持 HTML5 Geolocation。代码的运行结果如图 9-3 所示。

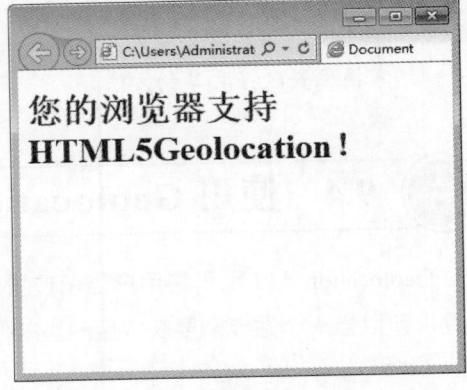

图 9-3

9.4.2　位置请求

定位功能（Geolocation）是 HTML5 的新特性，因此只能在支持 HTML5 的浏览器上运行。

首先要检测用户设备浏览器是否支持地理定位，如果支持则获取地理信息。注意这个特性可能侵犯用户的隐私，除非用户同意，否则位置信息是不可用的，所以在访问该应用时会提示是否允许地理定位，选择允许即可。

小试身手　设置位置请求

实现位置请求的示例代码如下：

```
function getLocation(){
if (navigator.geolocation){
navigator.geolocation.getCurrentPosition(showPosition,showError);
}else{
alert(" 浏览器不支持地理定位。");
}
}
```

上段代码表示：如果用户设备支持地理定位，则运行 getCurrentPosition()。如果 getCurrentPosition() 运行成功，则向参数 showPosition 中规定的函数返回一个 coordinates 对象；getCurrentPosition() 方法的第二个参数 showError 用于处理错误，它规定当获取用户位置失败时运行的函数。

先来看函数 showError()，它规定获取用户地理位置失败时的一些错误代码处理方式。

代码如下：

```
function showError(error){
switch(error.code) {
case error.PERMISSION_DENIED:
alert(" 定位失败，用户拒绝请求地理定位 ");
break;
case error.POSITION_UNAVAILABLE:
alert(" 定位失败，位置信息是不可用 ");
break;
case error.TIMEOUT:
alert(" 定位失败，请求获取用户位置超时 ");
break;
case error.UNKNOWN_ERROR:
alert(" 定位失败，定位系统失效 ");
break;
}
}
```

再来看函数 showPosition()，调用 coords 的 latitude 和 longitude 即可获取用户地理位置的纬度和经度信息。

代码如下：

```
function showPosition(position){
var lat = position.coords.latitude; // 纬度
var lag = position.coords.longitude; // 经度
alert( '纬度 :'+lat+', 经度 :'+lag);
}
```

上面了解了 HTML5 的 Geolocation 可以获取用户的经纬度，那么用户要做的是需要把抽象的经纬度转成可读的有意义的用户地理位置信息。只需要将 HTML5 获取到的经纬度信息传给地图接口，就会返回用户所在的地理位置，包括省市区信息，甚至有街道、门牌号等详细的地理位置信息。

在页面定义要展示地理位置的 div，分别定义 id#baidu_geo 和 id#google_geo。修改关键函数 showPosition()。

先来看百度地图接口交互。将经纬度信息通过 Ajax 方式发送给百度地图接口，接口会返回相应的省市区街道信息。百度地图接口返回的是一串 JSON 数据，可以根据需求将需要的信息展示给 div#baidu_geo。注意这里用到了 jQuery 库，需要先加载 jQuery 库文件。

利用百度地图接口获取用户地址的示例代码如下：

```
function showPosition(position){
var latlon = position.coords.latitude+','+position.coords.longitude;
//baidu
var url =
"http://api.map.baidu.com/geocoder/v2/?ak=C93b5178d7a8ebdb830b9b557abce78b&callback=renderReverse&lo
cation="+latlon+"&output=json&pois=0";
$.ajax({
type: "GET",
dataType: "jsonp",
url: url,
beforeSend: function(){
$("#baidu_geo").html( '正在定位 ...' );
},
success: function (json) {
if(json.status==0){
$("#baidu_geo").html(json.result.formatted_address);
}
},
error: function (XMLHttpRequest, textStatus, errorThrown) {
$("#baidu_geo").html(latlon+" 地址位置获取失败 ");
}
});
});
```

再来看谷歌地图接口交互。同样将经纬度信息通过 Ajax 方式发送给谷歌地图接口，接口会返回相应的省市区街道信息。谷歌地图接口返回的也是一串 JSON 数据，这些 JSON 数据比百度地图接口返回的要更详细，可以根据需求将需要的信息展示给 div#google_geo。

利用谷歌地图接口获取用户地址的示例代码如下：

```
function showPosition(position){
var latlon = position.coords.latitude+','+position.coords.longitude;
//google
var url = 'http://maps.google.cn/maps/api/geocode/json?latlng='+latlon+' &language=CN';
$.ajax({
type: "GET",
url: url,
beforeSend: function(){
$("#google_geo").html('正在定位 ...');
},
success: function (json) {
if(json.status=='OK'){
var results = json.results;
$.each(results,function(index,array){
if(index==0){
$("#google_geo").html(array['formatted_address']);
}
});
}
},
error: function (XMLHttpRequest, textStatus, errorThrown) {
$("#google_geo").html(latlon+" 地址位置获取失败 ");
}
});
}
```

以上代码分别将百度地图接口和谷歌地图接口整合到函数 showPosition() 中，可以根据实际情况进行调用。当然这只是一个简单的应用，可以根据这个简单的示例开发出很多复杂的应用。

9.5　在地图上显示你的位置

这节将演示如何使用 Google Maps API。对于个人和网站而言，谷歌的地图服务是免费的，使用谷歌地图可以轻而易举地在网站中加入地图功能。像其他技术一样，谷歌为地图服务提供了优秀的文档和教程。

要在 Web 页面上创建一个简单地图，开发人员需要执行以下几个步骤的操作。

第一步 在 Web 页面上创建一个名为 map 的 div，并将其设置为相应的样式。

第二步 将 Google Maps API 添加到项目之中。Google Maps API 将为 Web 页面加载使用到的 Map code。它还会告知谷歌所使用的设备是否具有一个 GPS 传感器。下面的代码片段显示了某设备如何加载一个没有 GPS 传感器的 Map code。如果设备具有 GPS 传感器，请将参数 sensor 的值从 false 修改为 true。

```
<script src="http://maps.googleapis.com/maps/api/js?sensor=false"></script>
```

在加载了 API 之后，就可以开始创建自己的地图。在 showPosition() 函数之中，创建一个 google.maps.LatLng 类的实例，并将其保存在名为 position 的变量之中。在该 google. maps. LatLng 类的构造函数中传入纬度值和经度值。下面的代码片段演示了如何创建一张地图。

```
var position = new google.maps.LatLng(latitude, longitude);
```

第三步 设置地图选项。可设置很多选项，但有 3 个基本选项：

◎ 缩放 (zoom) 级别：取值范围 0~20。值为 0 的视图是从卫星角度拍摄的基本视图，20 则是最大的放大倍数。

◎ 地图的中心位置：这是一个表示地图中心点的 LatLng 变量。

◎ 地图样式：该值可以改变地图显示的方式。

表 9-1 详细列出了可选的值，可自行试验不同的地图样式。

表 9-1

地图样式	描述
google.maps.MapTypeId.SATELLITE	显示使用卫星照片的地图
google.maps.MapTypeId.ROAD	显示公路路线图
google.maps.MapTypeId.HYBRID	显示卫星地图和公路路线图的叠加
google.maps.MapTypeId.TERRAIN	显示公路名称和地势

 小试身手 在地图上找到你的位置

设置地图选项的示例代码如下：

```
varmyOptions = {
zoom: 18,
center: position,
mapTypeId: google.maps.MapTypeId.HYBRID
};
```

第四步 实际绘制地图。根据纬度和经度信息，可以将地图绘制在 getElementById()
方法所取得的 div 对象上。下面给出了绘制地图的代码，为简洁起见，移除了错误处理代码。

代码如下：

```html
<!doctype html>
<html lang="en">
<head>
<meta charset="utf-8">
<title> 地理定位 </title>
<style>
#map{
width:600px;
height:600px;
Border:2px solid red;
}
</style>
<script type="text/javascript" src="http://maps.googleapis.com/maps/api/js?sensor=false">
</script>
<script>
function findYou(){
if(!navigator.geolocation.getCurrentPosition(showPosition,
noLocation, {maximumAge : 1200000, timeout : 30000})){
document.getElementById("lat").innerHTML=
"This browser does not support geolocation.";
}
}
function showPosition(location){
var latitude = location.coords.latitude;
var longitude = location.coords.longitude;
var accuracy = location.coords.accuracy;
// 创建地图
var position = new google.maps.LatLng(latitude, longitude);
// 创建地图选项
var myOptions = {
zoom: 18,
center: position,
mapTypeId: google.maps.MapTypeId.HYBRID
};
// 显示地图
var map = new google.maps.Map(document.getElementById("map"),
myOptions);
document.getElementById("lat").innerHTML=
"Your latitude is " + latitude;
document.getElementById("lon").innerHTML=
"Your longitude is " + longitude;
```

```
document.getElementById("acc").innerHTML=
"Accurate within " + accuracy + " meters";
}
function noLocation(locationError)
{
var errorMessage = document.getElementById("lat");
switch(locationError.code)
{
case locationError.PERMISSION_DENIED:
errorMessage.innerHTML=
"You have denied my request for your location.";
break;
case locationError.POSITION_UNAVAILABLE:
errorMessage.innerHTML=
"Your position is not available at this time.";
break;
case locationError.TIMEOUT:
errorMessage.innerHTML=
"My request for your location took too long.";
break;
default:
errorMessage.innerHTML=
"An unexpected error occurred.";
}
}
findYou();
</script>
</head>
<body>
<h1> 找到你啦！ </h1>
<p id="lat"> </p>
<p id="lon"> </p>
<p id="acc"> </p>
<div id="map">
</div>
</body>
</html>
```

HTML 5 允许开发人员创建具有地理位置感知功能的 Web 页面。使用 navigator.geolocation 新功能，可以快速获取用户的地理位置。例如，使用 getCurrentPosition() 方法可以获得终端用户的纬度和经度。

跟踪用户所在的地理位置会带来对隐私的担忧，因此 Geolocation 技术完全取决于用户是否允许共享自己的地理位置信息。在未经许可的情况下，HTML5 不会跟踪用户的地理位置。

尽管 HTML5 的 Geolocation API 对于确定地理位置非常有用，但在页面中添加 Google Maps API 可以使该 geolocation 技术更贴近生活。只要数行代码，就可以将一个完整的具有交互功能的 Google 地图呈现在 Web 页面一个指定的 div 之中，还可以在地图指定的位置上设置一些图标。

 ## 9.6 课堂练习

本节做一个小练习来巩固之前学习的知识。定位自己所在的城市，如图 9-4 所示。

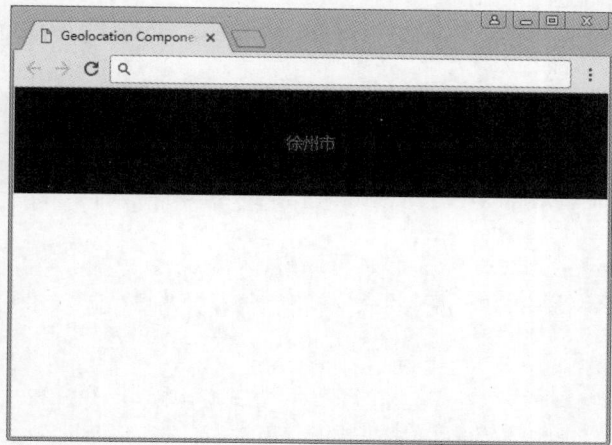

图 9-4

图 9-4 的操作代码如下：

```html
<html>
<head>
  <meta http-equiv="Content-Type" content="text/html; charset=UTF-8">
  <title> 定位所在的城市 </title>
  <meta name="viewport" content="width=device-width,initial-scale=1,
  minimum-scale=1,maximum-scale=1,user-scalable=no">
  <style>
    * {margin: 0; padding: 0; border: 0;}
    body {
      position: absolute;
      width: 100%;
      height: 100%;
    }
    #geoPage, #markPage {
      position: relative;
    }
  </style>
</head>
```

```html
<body>
  <!-- 通过 iframe 嵌入前端定位组件，此处没有隐藏定位组件，使用了定位组件的在定位中视觉特效 -->
  <iframe id="geoPage" width="100%" height="30%" frameborder=0 scrolling="no"
src="https://apis.map.qq.com/tools/geolocation?key=OB4BZ-D4W3U-B7VVO-4PJWW-6TKDJ-WPB77&referer=myapp
p&effect=zoom"></iframe>
  <script type="text/JavaScript">
    var loc;
    var isMapInit = false;
    // 监听定位组件的 message 事件
    window.addEventListener( 'message', function(event) {
      loc = event.data; // 接收位置信息
      console.log( 'location', loc);
        if(loc && loc.module == 'geolocation') { // 定位成功, 防止其他应用也会向该页面 post 信息, 需
判断 module 是否为 'geolocation'
        var markUrl = 'https://apis.map.qq.com/tools/poimarker' +
        '?marker=coord:' + loc.lat + ',' + loc.lng +
        ';title: 我的位置 ;addr:' + (loc.addr || loc.city) +
        '&key=OB4BZ-D4W3U-B7VVO-4PJWW-6TKDJ-WPB77&referer=myapp';
        // 给位置展示组件赋值
        document.getElementById( 'markPage' ).src = markUrl;
      } else { // 定位组件在定位失败后, 也会触发 message, event.data 为 null
        alert( '定位失败 ');
      }
      /* 另一个使用方式
      if (!isMapInit && !loc) { // 首次定位成功, 创建地图
        isMapInit = true;
        createMap(event.data);
      } else if (event.data) { // 地图已经创建, 再收到新的位置信息后更新地图中心点
        updateMapCenter(event.data);
      }
      */
    }, false);
    // 为防止定位组件在 message 事件监听前已经触发定位成功事件, 在此处显示请求一次位置信息
    document.getElementById("geoPage").contentWindow.postMessage( 'getLocation', '*' );
    // 设置 6s 超时, 防止定位组件长时间获取位置信息未响应
    setTimeout(function() {
      if(!loc) {
        // 主动与前端定位组件通信（可选）, 获取粗糙的 IP 定位结果
        document.getElementById("geoPage")
        .contentWindow.postMessage( 'getLocation.robust', '*' );
      }
    }, 6000); //6s 为推荐值, 业务调用方可根据自己的需求设置改时间, 不建议太短
  </script>
  <!-- 接收到位置信息后 通过 iframe 嵌入位置标注组件 -->
<iframe id="markPage" width="100%" height="70%" frameborder=0 scrolling="no" src=""></iframe>
</body>
</html>
```

强化训练

根据图 9-5 所示制作出相同的定位。

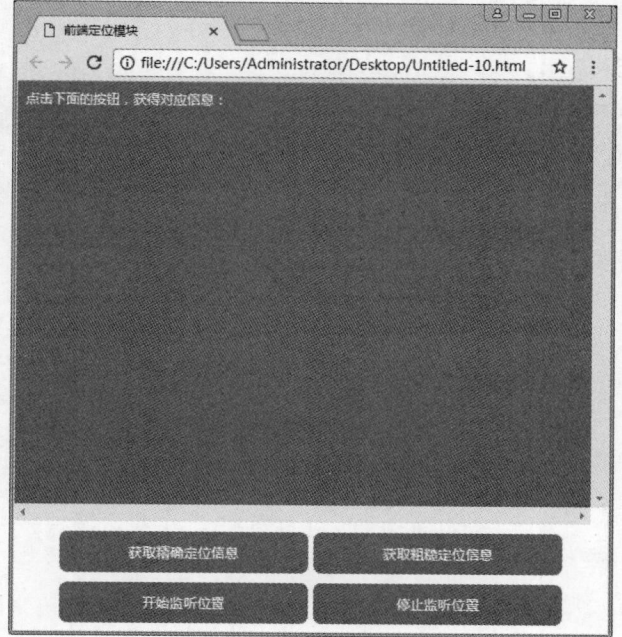

图 9-5

提示的 JavaScript 代码如下：

```
<script type="text/JavaScript">
var geolocation = new qq.maps.Geolocation("OB4BZ-D4W3U-B7VVO-4PJWW-6TKDJ-WPB77", "myapp");
document.getElementById("pos-area").style.height = (document.body.clientHeight - 110) + 'px' ;
var positionNum = 0;
var options = {timeout: 8000};
function showPosition(position) {
positionNum ++;
document.getElementById("demo").innerHTML += " 序号：" + positionNum;
document.getElementById("demo").appendChild(document.createElement('pre')).innerHTML = JSON.
stringify(position, null, 4);
document.getElementById("pos-area").scrollTop = document.getElementById("pos-area").scrollHeight;
    };
function showErr() {
positionNum ++;
document.getElementById("demo").innerHTML += " 序  号：" + positionNum;          document.
getElementById("demo").appendChild(document.createElement('p')).innerHTML = " 定位失败！ ";
document.getElementById("pos-area").scrollTop = document.getElementById("pos-area").scrollHeight;
```

```
    };
unction showWatchPosition() {
document.getElementById("demo").innerHTML += " 开始监听位置！  <br /><br />";
geolocation.watchPosition(showPosition);
document.getElementById("pos-area").scrollTop = document.getElementById("pos-area").scrollHeight;
    };
function showClearWatch() {
geolocation.clearWatch();
document.getElementById("demo").innerHTML += " 停止监听位置！  <br /><br />";
document.getElementById("pos-area").scrollTop = document.getElementById("pos-area").scrollHeight;
    };
</script>
```

第10章

在页面中绘图

内容概要

　　HTML5 带来了一个非常令人期待的新元素——canvas 元素。这个元素可以被 JavaScript 用来绘制图形，把自己喜欢的图像随心所欲地展现在 Web 页面上，本章将讲解通过 canvas API 来操作 canvas 元素。

学习目标

◆ 了解 canvas 元素的基本概念

◆ 掌握如何使用 canvas 绘制一个简单的形状

◆ 学会使用路径的方法，能够利用路径绘制出多边形

◆ 掌握 canvas 画布中使用图像方法

◆ 学会在画布中绘制文字，给文字添加阴影的方法

知识导图

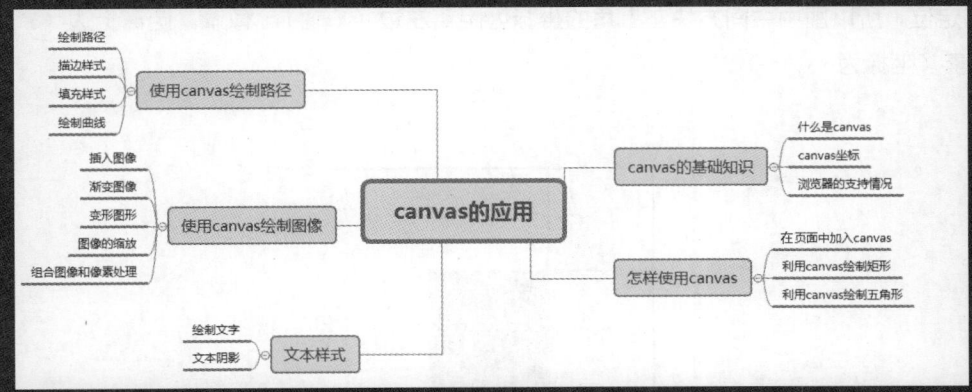

课时安排

◆ 理论知识 1 课时

◆ 上机练习 2 课时

10.1 canvas 入门

canvas 元素允许脚本在浏览器页面中动态地渲染点阵图像，新的 HTML5 canvas 是一个原生 HTML 绘图簿，用于 JavaScript 代码，不使用第三方工具。跨所有 web 浏览器的完整 HTML5 支持还没有完成，但在新兴的支持中，canvas 可以在所有浏览器上良好地运行。

10.1.1 canvas 含义

<canvas> 是 HTML5 新增的元素，一个可以使用脚本（通常为 JavaScript）在其中绘制图像的 HTML 元素。它可以用来制作照片集或者制作简单的动画，甚至可以进行实时视频处理和渲染。

它最初由苹果内部使用自己 Mac OS X WebKit 推出，供应用程序使用像仪表盘的构件和 Safari 浏览器使用。后来，有人通过 Gecko 内核的浏览器（尤其是 Mozilla 和 Firefox），Opera 和 Chrome 和超文本网络应用技术工作组建议为下一代的网络技术使用该元素。

Canvas 是由 HTML 代码配合高度和宽度属性定义的可绘制区域。JavaScript 代码可以访问该区域，类似于其他通用的二维 API，通过一套完整的绘图函数动态生成图形。

10.1.2 canvas 坐标

如图 10-1 所示，canvas 元素默认被网格所覆盖。通常来说网格中的一个单元相当于 canvas 元素中的一像素。栅格的起点为左上角（坐标为 <0,0>）。所有元素的位置都相对于原点定位。所以图中中间方块左上角的坐标为距离左边（X 轴）x 像素，距离上边（Y 轴）y 像素（坐标为 <x, y>）。

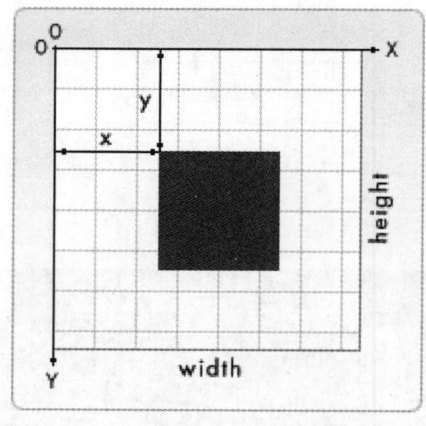

图 10-1

尽管 canvas 元素功能非常强大，用处也很多，但如果其他元素已经够用了，就不必再使用 canvas 元素。例如，在 HTML 页面中动态绘制所有不同的标题，直接使用标题样式标签（H_1、H_2 等）即可，其与 canvas 所实现的效果是一样的。

 ## 10.2　使用 canvas

本节将深入探讨 HTML5 canvas API。使用 HTML5 canvas API 创建一幅类似于 LOGO 的图像，图像是森林场景，有树，还有适合长跑的美丽跑道。虽然这个示例从平面设计的角度来看毫无竞争力，但却可以演示 HTML5 canvas 的各种功能。

10.2.1　在页面中加入 canvas

在 HTML 页面中插入 canvas 元素非常直观。以下代码就是一段可以被插入 HTML 页面中的 canvas 代码。

语法描述如下：

```
<canvas width="300" height="300"></canvas>
```

以上代码会在页面上显示出一块 300×300 像素的区域。但在浏览器中是看不见的，想要在浏览器中预览效果，可以为 canvas 添加一些 CSS 样式，如添加边框和背景色。

小试身手　canvas 在页面中的用法

绘制绿色矩形的示例代码如下：

```
<!DOCTYPE html>
<html lang="en">
<head>
<meta charset="UTF-8">
<title>canvas</title>
<style>
canvas{
border:2px solid red;
background:green;
}
</style>
</head>
<body>
<canvas id="diagonal" width="300" height="300"></canvas>
```

```
</body>
</html>
```

代码的运行结果如图 10-2 所示。

现在有了一个带有边框和绿色背景的矩形，这个矩形就是画布。在没有 canvas 时想在页面上画一条对角线是非常困难的，有了 canvas 后，绘制对角线的工作变得很轻松，只需要几行代码即可在"画布"中绘制一条标准的对角线。

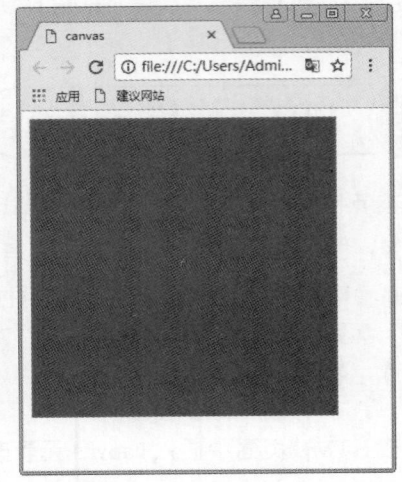

图 10-2

小试身手　绘制矩形的对角线

对角线的示例代码如下：

```
<script>
Function drawDiagonal(){
// 取得 canvas 元素及其绘图上下文
Var canvas=document.getElementById('diagonal');
Var context=canvas.getContext('2d');
// 用绝对坐标来创建一条路径
context.beginPath();
context.moveTo(0,300);
context.lineTo(300,0);
// 将这条线绘制到 canvas 上
context.stroke();
}
window.addEventListener("load",drawDiagonal,true);
</script>
```

代码的运行效果如图 10-3 所示。

上面这段绘制对角线的 JavaScript 代码虽然简单，却展示出了使用 HTML5 canvas API 的重要流程。

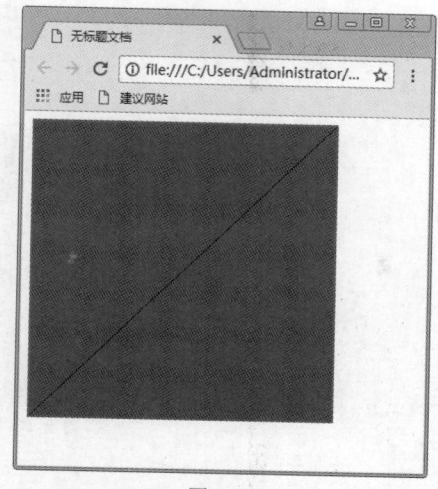

图 10-3

首先通过引用特定的 canvas id 值来获取对 canvas 对象的访问权。这段代码中 id 就是 diagonal。接着定义一个 context 变量，调用 canvas 对象的 getContext 方法，并传入希望使用的 canvas 类型。代码清单中通过传入 "2d" 来获取一个二维上下文，这也是目前为止唯一可用的上下文。

接下来，基于这个上下文执行画线的操作。在代码清单中，调用了三个方法——beginPath、moveTo 和 lineTo，传入了这条线的起点和终点的坐标。

10.2.2 绘制矩形和五角形

利用 canvas 可以绘制矩形与五角形。

1. 绘制矩形

canvas 只是一个绘制图形的容器，除了 id、class、style 等属性外，还有 height 和 width 属性。在 <canvas> 元素上绘图有三步：

第一步：获取 <canvas> 元素对应的 DOM 对象，这是一个 canvas 对象。

第二步：调用 canvas 对象的 getContext() 方法，得到一个 CanvasRenderingContext2D 对象。

第三步：调用 CanvasRenderingContext2D 对象进行绘图。

绘制矩形 rect()、fillRect() 和 strokeRect() 函数的定义内容如下：

◎ context.rect(x , y , width , height)：只定义矩形的路径。

◎ context.fillRect(x , y , width , height)：直接绘制出填充的矩形。

◎ context.strokeRect(x , y , width , height)：直接绘制出矩形边框。

小试身手　同时绘制两个矩形

两个矩形的示例代码如下：

HTML 代码如下：

```
<canvas id="demo" width="300" height="300"></canvas>
```

JavaScript 代码如下：

```
<script>
```

```
Var canvas=document.getElementById("demo");
Var context = canvas.getContext("2d");
// 使用 rect 方法
context.rect(10,10,190,190);
context.lineWidth = 2;
context.fillStyle = "#3EE4CB";
context.strokeStyle = "#F5270B";
context.fill();
context.stroke();
// 使用 fillRect 方法
context.fillStyle = "#1424DE";
context.fillRect(210,10,190,190);
// 使用 strokeRect 方法
context.strokeStyle = "#F5270B";
context.strokeRect(410,10,190,190);
// 同时使用 strokeRect 方法和 fillRect 方法
context.fillStyle = "#1424DE";
context.strokeStyle = "#F5270B";
context.strokeRect(610,10,190,190);
context.fillRect(610,10,190,190);
</script>
```

代码的运行结果如图 10-4 所示。

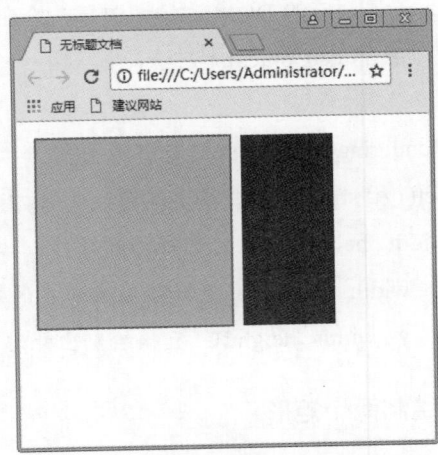

图 10-4

操作技巧：

  第一：stroke() 和 fill() 绘制的前后顺序，如果 fill() 后绘制，那么当 stroke 边框较大时，会把 stroke() 绘制出的边框遮住一半；第二：设置 fillStyle 或 strokeStyle 属性时，可以通过 "rgba(255,0,0,0.2)" 的方式设置，最后一个参数设置为透明度。

有一个与绘制矩形有关的操作，即清除矩形区域：context.clearRect (x,y,width, height)。接收参数分别为：清除矩形的起始位置以及矩形的宽和长。如在上面代码中最后加上：

```
context.clearRect(100,60,600,100);
```

代码的运行结果如图 10-5 所示。

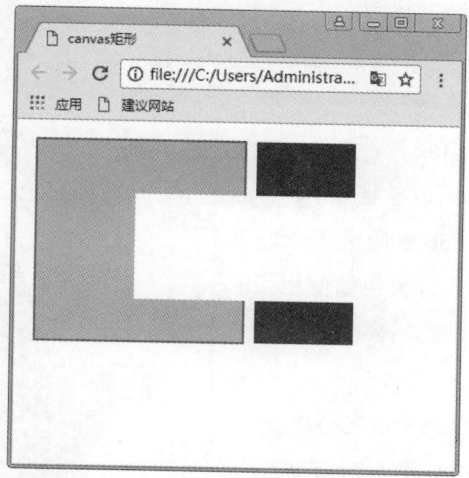

图 10-5

2. 绘制五角形

小试身手 闪闪红星放光芒

红星的绘制示例代码如下：

HTML 代码如下：

```
<canvas id="canvas" width="500" height="500"></canvas>
```

JavaScript 代码如下：

```
<script>
var canvas = document.getElementById("canvas");
  var context = canvas.getContext("2d");
  context.beginPath();
  // 设置是个顶点的坐标，根据顶点制定路径
```

```
for (var i = 0; i < 5; i++) {
    context.lineTo(Math.cos((18+i*72)/180*Math.PI)*200+200,
            -Math.sin((18+i*72)/180*Math.PI)*200+200);
    context.lineTo(Math.cos((54+i*72)/180*Math.PI)*80+200,
            -Math.sin((54+i*72)/180*Math.PI)*80+200);
}
context.closePath();
// 设置边框样式以及填充颜色
context.lineWidth="3";
context.fillStyle = "red";
context.strokeStyle = "green";
context.fill();
context.stroke();
</script>
```

代码的运行效果如图 10-6 所示。

在 canvas 上绘制图形可以总结如下：

利用 fillStyle 和 strokeStyle 属性可以方便地设置矩形的填充和线条，颜色值使用和 CSS 一样，包括十六进制数，rgb()、rgba() 和 hsla。

◎ 使用 fillRect 可以绘制带填充的矩形。

◎ 使用 strokeRect 可以绘制只有边框没有填充的矩形。

◎ 如果想清除部分 canvas，可以使用 clearRect。

以上几个方法参数都是相同的，包括 x、y 和 width 和 height。

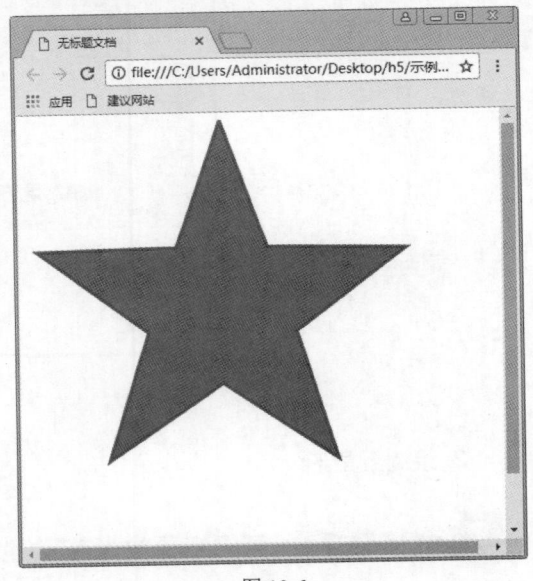

图 10-6

10.2.3 检测浏览器是否支持

在创建 HTML5 canvas 元素之前，首先要确保浏览器支持它。如果不支持，就要为该浏览器提供一些替代文字。下面的代码就是检测浏览器支持情况的一种方法。

小试身手 检测浏览器的支持情况

HTML 代码如下：

```
<canvas id="test-canvas" width="200" heigth="100">
```

```
<p> 你的浏览器不支持 Canvas</p>
</canvas>
JavaScript 代码如下：
<script>
var canvas = document.getElementById('test-canvas');
if (canvas.getContext) {
alert('你的浏览器支持 Canvas!');
} else {
alert('你的浏览器不支持 Canvas!');
}
</script>
```

代码的运行结果如图 10-7 所示。

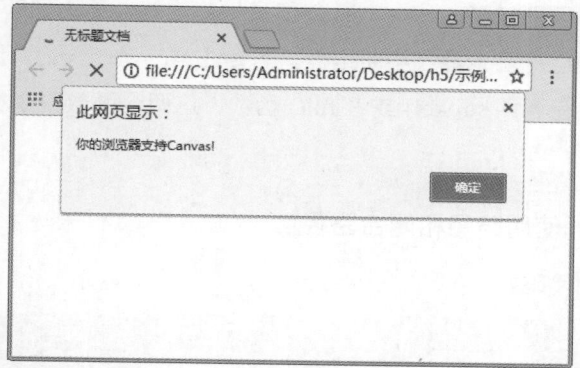

图 10-7

上面的代码试图创建一个 canvas 对象，并且获取其上下文。如果发生错误，则可以捕获错误，进而得知该浏览器不支持 canvas。页面中预先放入了 ID 为 support 的元素，通过以适当的信息更新该元素的内容可以反映浏览器的支持情况。

 # 10.3 绘制曲线路径

Canvas 提供了绘制矩形的 API，但对于曲线，并没有提供直接可以调用的方法。所以，需要利用 canvas 的路径来绘制曲线。使用路径，可以绘制线条、连续的曲线及复合图形。

10.3.1 绘制路径的方法

HTML5 Canvas API 中的路径可以呈现任何形状。本节中对角线示例就是一条路径，代码中调用 beginPath 代表着开始绘制路径。路径可以很复杂：多条线、曲线段，甚至是子路径。

第一个需要调用的就是 beginPath()。这个简单的函数不带任何参数，它用于通知 canvas 将要开始绘制一个新的图形了。对于 canvas 来说，beginPath() 函数最大的用处是 canvas 需要据此计算图形的内部和外部范围，以便完成后续的描边和填充。

路径会跟踪当前坐标，默认值是原点。canvas 本身也跟踪当前坐标，不过可以通过绘制代码来修改。

调用了 beginPath() 之后，就可以使用 context 的各种方法绘制想要的形状。到目前为止，已经用到了几个简单的 context 路径函数。

moveTo(x, y)：不绘制，只是将当前位置移动到新的目标坐标 (x, y)。

lineTo(x, y)：不仅将当前位置移动到新的目标坐标 (x, y)，而且在两个坐标之间画一条直线。

上面两个函数的区别在于：moveTo() 就像是提起画笔，移动到新位置，而 lineTo() 告诉 canvas 从纸上的旧坐标画条直线到新坐标。需要注意的是，无论调用哪一个，都不会真正画出图形，因为没有调用 stroke() 或者 fill() 函数。这两个函数只是在定义路径的位置，以便后面绘制时使用。

小试身手　使用路径和闭合路径

路径绘制的示例代码如下：

```
<!DOCTYPE html>
<html lang="en">
<head>
<meta charset="UTF-8">
<title>canvas 路径 </title>
</head>
<body>
<canvas id="demo" width="300" height="300"></canvas>
</body>
<script>
function createCanopyPath(context) {
// 绘制树冠
context.beginPath();
context.moveTo(-25, -50);
context.lineTo(-10, -80);
context.lineTo(-20, -80);
context.lineTo(-5, -110);
context.lineTo(-15, -110);
// 树的顶点
context.lineTo(0, -140);
```

```
context.lineTo(15, -110);
context.lineTo(5, -110);
context.lineTo(20, -80);
context.lineTo(10, -80);
context.lineTo(25, -50);
// 连接起点，闭合路径
context.closePath();
}
drawTrails();
function drawTrails() {
var canvas = document.getElementById('demo');
var context = canvas.getContext('2d');
context.save();
context.translate(130, 250);
// 创建表现树冠的路径
createCanopyPath(context);
// 绘制当前路径
context.stroke();
context.restore();
}
</script>
</html>
```

代码的运行结果如图 10-8 所示。

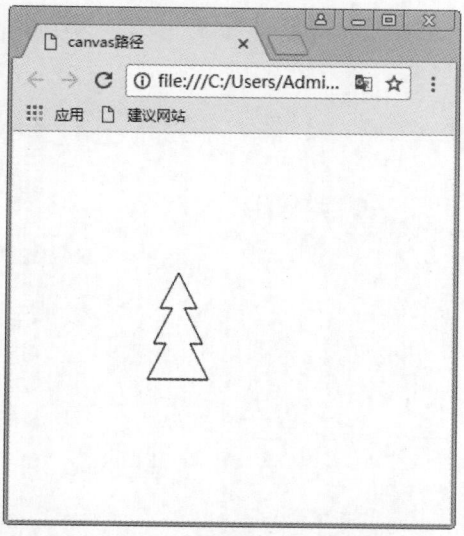

图 10-8

从上面的代码中可以看到，在 JavaScript 中第一个函数用到的仍然是前面用过的移动命令和画线命令，只不过调用次数比较多。这些线条表现的是树冠的轮廓，最后闭合路径。

第二个函数代码中，是先获取 canvas 的上下文对象，然后保存，以便后续使用，将当前位置变换到新位置，画树冠，绘制到 canvas 上，最后恢复上下文的初始状态。

10.3.2　描边样式的使用

下面使用描边样式让树冠看起来更像是树。下面的代码展示了一些基本命令，其功能是通过修改 context 的属性，让绘制的图形更好看。

小试身手　描边路径

描边样式的示例代码如下：

```
<!DOCTYPE html>
<html lang="en">
<head>
<meta charset="UTF-8">
<title>canvas 描边 </title>
</head>
<body>
<canvas id="demo" width="300" height="300"></canvas>
</body>
<script>
function createCanopyPath(context) {
// 绘制树冠
context.beginPath();
context.moveTo(-25, -50);
context.lineTo(-10, -80);
context.lineTo(-20, -80);
context.lineTo(-5, -110);
context.lineTo(-15, -110);
// 树的顶点
context.lineTo(0, -140);
context.lineTo(15, -110);
context.lineTo(5, -110);
context.lineTo(20, -80);
context.lineTo(10, -80);
context.lineTo(25, -50);
// 连接起点，闭合路径
context.closePath();
}
drawTrails();
```

```
function drawTrails() {
var canvas = document.getElementById('demo');
var context = canvas.getContext('2d');
context.save();
context.translate(130, 250);
// 创建表现树冠的路径
createCanopyPath(context);
// 绘制当前路径
context.stroke();
context.restore();
// 加宽线条
context.lineWidth = 4;
// 平滑路径的接合点
context.lineJoin = 'round';
// 将颜色改成棕色
context.strokeStyle = '#663300';
// 最后，绘制树冠
context.stroke();
}
</script>
</html>
```

代码的运行结果如图 10-9 所示。

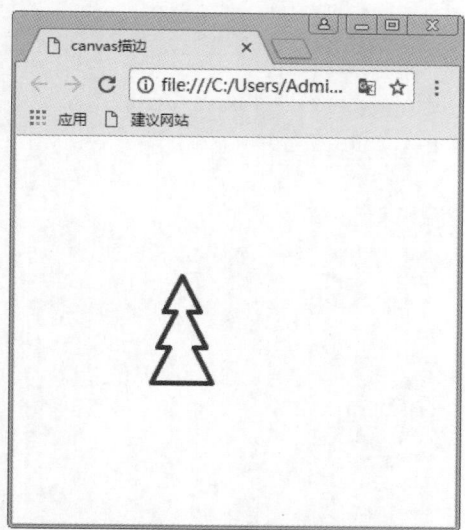

图 10-9

设置上面的这些属性可以改变以后将要绘制的图形外观，这个外观可以一直保持到将 context 恢复到上一个状态。

上例中绘制描边样式的步骤如下：

第一步：将线条宽度加粗到 3 像素。

第二步：将 lineJoin 属性设置为 round，以修改当前形状中线段的连接方式，让拐角变得更圆滑；也可以把 lineJoin 属性设置成 bevel 或者 miter（相应的 context.miterLimit 值也需要调整）来变换拐角样式。

第三步：通过 strokeStyle 属性改变了线条的颜色。在这个例子中，使用了 CSS 值来设置颜色，在后面几节中会看到 strokeStyle 的值还可以用于生成特殊效果的图案或者渐变色。

10.3.3　填充和曲线的绘制方法

canvas 提供了一系列绘制曲线的函数和填充的样式。接下来用最简单的曲线函数二次曲线绘制林荫小路和为树冠填充颜色。

小试身手　填充颜色和绘制曲线

颜色填充和绘制曲线的示例代码如下：

```
<!DOCTYPE html>
<html lang="en">
<head>
<meta charset="UTF-8">
<title>canvas 绘制曲线 </title>
</head>
<body>
<canvas id="demo" width="300" height="300"></canvas>
</body>
<script>
function createCanopyPath(context) {
// 绘制树冠
context.beginPath();
context.moveTo(-25, -50);
context.lineTo(-10, -80);
context.lineTo(-20, -80);
context.lineTo(-5, -110);
context.lineTo(-15, -110);
// 树的顶点
context.lineTo(0, -140);
context.lineTo(15, -110);
context.lineTo(5, -110);
```

```
    context.lineTo(20, -80);
    context.lineTo(10, -80);
    context.lineTo(25, -50);
    // 连接起点，闭合路径
    context.closePath();
    }
    drawTrails();
    function drawTrails() {
    var canvas = document.getElementById('demo');
    var context = canvas.getContext('2d');
    context.save();
    context.translate(130, 250);
    // 创建表现树冠的路径
    createCanopyPath(context);
    // 绘制当前路径
    context.stroke();
    context.restore();
    // 将填充色设置为绿色并填充树冠
    context.fillStyle='#339900';
    context.fill();
    // 保存 canvas 的状态并绘制路径
    context.save();
    context.translate(-10, 350);
    context.beginPath();
    // 第一条曲线向右上方弯曲
    context.moveTo(0, 0);
    context.quadraticCurveTo(170, -50, 260, -190);
    // 第二条曲线向右下方弯曲
    context.quadraticCurveTo(310, -250, 410,-250);
    // 使用棕色的粗线条来绘制路径
    context.strokeStyle = '#663300';
    context.lineWidth = 20;
    context.stroke();
    // 恢复之前的 canvas 状态
    context.restore();
    }
    </script>
    </html>
```

代码的运行结果如图 10-10 所示。

图 10-10

quadraticCurveTo() 函数绘制曲线的起点是当前坐标，带有两组（x, y）参数。第一组代表控制点（control point）。第二组是指曲线的终点。所谓控制点位于曲线的旁边（不是曲线之上），其作用相当于对曲线产生一个拉力。通过调整控制点的位置，可以改变曲线的曲率。在右上方再画一条一样的曲线，以形成一条路。然后同描边树冠一样把这条路绘制到 canvas 上。

将 fillStyle 属性设置成合适的颜色，然后只要调用 context 的 fill() 函数就可以让 canvas 对当前图形中所有闭合路径内部的像素点进行填充。

 ## 10.4　绘制图像

可以利用 HTML 5 canvas API 生成和绘制图像。本节将使用 HTML 5 canvas API 来插入图像并绘制背景图像，并通过实例熟悉 canvas 的变换，从而对 HTML 5 canvas API 有一个更深刻的认识。

10.4.1　插入图片

在 canvas 中显示图片非常简单，可以通过修正层为图片添加印章、进行拉伸或者修改等，且图片通常会成为 canvas 上的焦点。用 HTML5 Canvas API 内置的几个简单命令可以轻松地为 canvas 添加图片内容。

小试身手　利用 canvas 在页面中插入图片

在页面中插入图像的示例代码如下：

```
<!DOCTYPE html>
<html lang="en">
<head>
<meta charset="UTF-8">
<title>Document</title>
<style>
canvas{
border:1px red solid;
}
</style>
</head>
<body>
<canvas id="cv" width="500" height="500"></canvas>
</body>
<script type="text/javascript">
function drawBeauty(beauty){
var mycv = document.getElementById("cv");
var myctx = mycv.getContext("2d");
myctx.drawImage(beauty, 0, 0);
}
function load(){
var beauty = new Image();
beauty.src = "fengjing.jpg";
if(beauty.complete){
drawBeauty(beauty);
}else{
beauty.onload = function(){
drawBeauty(beauty);
};
beauty.onerror = function(){
window.alert( '风景加载失败，请重试 ');
};
//load
if (document.all) {
window.attachEvent( 'onload' , load);
}else {
window.addEventListener( 'load' , load, false);
}
</script>
</html>
```

插入图像的结果如图 10-11 所示。

图 10-11

图片增加了 canvas 操作的复杂度：必须等到图片完全加载后才能对其进行操作。浏览器通常会在页面脚本执行的同时异步加载图片。图片未完全加载之前，canvas 将不显示任何图片。因此开发人员要特别注意，在呈现之前应确保图片已经加载完毕。

10.4.2　渐变颜色的使用

渐变是指两种或两种以上颜色之间的平滑过渡。使颜色产生渐变效果，需要为这个渐变对象设置图形的 fillStyle 属性，并进行绘制。在 canvas 中可以实现两种渐变效果：线性渐变和扇形渐变。

小试身手　使用 canvas 实现线性渐变

线性渐变的示例代码如下：

```
<!DOCTYPE HTML>
<html>
<head>
<title> 线性渐变 </title>
<meta charset="utf-8"/>
</head>
<body>
```

```
<canvas width="500px" height="500px" id="canvas"></canvas>
</body>
<script>
var canvas=document.getElementById("canvas");
var context=canvas.getContext("2d");
var grad=context.createLinearGradient(0,0,400,0);
//var grad=context.createLinearGradient(0,0,0,300);
//var grad=context.createLinearGradient(0,0,400,300);
grad.addColorStop(0,"blue");
grad.addColorStop(0.5,"green");
grad.addColorStop(1,"yellow");
context.fillStyle=grad;
context.fillRect(0,0,400,300);
</script>
</html>
```

代码的运行效果如图 10-12 所示。

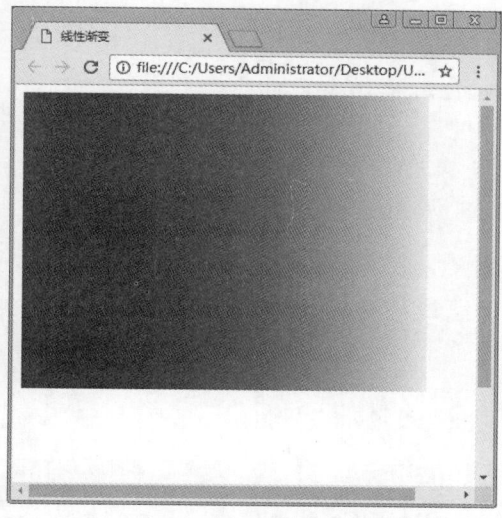

图 10-12

下面解释上段关键代码的意义。

```
var lingrad = context.createLinearGradient(0,0,0,150);
```

这是创建的一个像素为 400、由左到右的线性渐变。

```
grad.addColorStop(0,"blue");
grad.addColorStop(0.5,"green");
grad.addColorStop(1,"yellow");
```

一个渐变可以有两种或更多种的色彩变化。沿着渐变方向，颜色可以在任何地方变化。要增加一种颜色变化，需要指定它在渐变中的位置。渐变位置可以在 0 ～ 1 之间任意取值。

```
context.fillStyle=grad;
context.fillRect(0,0,400,300);
```

接着绘制扇形渐变。

小试身手　绘制扇形渐变

扇形渐变的示例代码如下：

```
<!DOCTYPE HTML>
<html>
<head>
<title> 扇形渐变 </title>
<meta charset="utf-8"/>
</head>
<body>
<canvas id="canvas" width="400px" height="300px"></canvas>
</body>
<script>
var canvas=document.getElementById("canvas");
var context=canvas.getContext("2d");
var grad=context.createRadialGradient(200,0,100,200,300,100);
//var grad=context.createRadialGradient(0,0,30,200,300,100);
grad.addColorStop(0,"orange");
grad.addColorStop(1,"yellow");
context.fillStyle=grad;
context.fillRect(0,0,400,300);
</script>
</html>
```

代码的运行效果如图 10-13 所示。

上 述 代 码 context.createRadialGradient (200,0,100,200,300,100); 所表示的含义如下：

200 为渐变开始圆的圆心横坐标，0 为渐变开始圆的圆心纵坐标，100 为开始圆的半径，200 为渐变结束圆的圆心横坐标，300 为渐变结束圆的圆心纵坐标，100 为结束圆的半径。

图 10-13

10.4.3 变形图形的设置方法

绘制图形的时候，经常需要对图形进行变化处理，例如旋转，使用 canvas 的坐标轴变换处理功能可以实现这一效果。

对坐标使用变换处理，可以实现图形的变形处理。对坐标的变换处理有以下 3 种方式。

（1）平移

移动图形的绘制主要是通过 translate 方法实现，定义方法如下：

```
Context. Translate(x,y);
```

translate 方法使用两个参数：x 表示将坐标轴原点向左移动若干个单位，y 表示将坐标轴原点向下移动若干个单位。单位在默认情况下为像素。

（2）缩放

使用图形上下文对象的 scale 方法将图像缩放，定义方法如下：

```
Context.scale(x,y);
```

scale 方法使用两个参数，x 是水平方向的放大倍数，y 是垂直方向的放大倍数。将图形缩小时，将这两个参数设置为 0~1 之间的小数即可，例如，0.1 是指将图形缩小十分之一。

（3）旋转

使用图形上下文对象的 rotate 方法将图形进行旋转，定义方法如下：

```
Context.rotate(angle);
```

rotate 方法接受一个参数 angle，angle 是指旋转的角度，旋转的中心点是坐标轴的原点。旋转是以顺时针方向进行的，想要逆时针旋转将 angle 设定为负数即可。

小试身手　　让图片旋转起来

旋转图像的示例代码如下：

```
<!DOCTYPE html>
<head>
<meta charset="UTF-8">
<title> 绘制变形的图形 </title>
<script >
function draw(id)
{
var canvas = document.getElementById(id);
if (canvas == null)
return false;
var context = canvas.getContext('2d');
```

```
context.fillStyle ="#fff"; // 设置背景色为白色
context.fillRect(0, 0, 400, 300); // 创建一个画布
// 图形绘制
context.translate(200,50);
context.fillStyle = 'rgba(255,0,0,0.25)';
for(var i = 0;i < 50;i++)
{
context.translate(25,25); // 图形向左，向下各移动 25
context.scale(0.95,0.95); // 图形缩放
context.rotate(Math.PI / 10); // 图形旋转
context.fillRect(0,0,100,50);
}
}
</script>
</head>
<body onload="draw('canvas');">
<canvas id="canvas" width="400" height="300" />
</body>
</html>
```

代码的运行效果如图 10-14 所示。

从上述代码可以看出绘制了一个矩形，在循环中反复使用平移坐标轴、图形缩放、图形旋转 3 种技巧，最后绘制出了如图 10-14 所示的变形图形。

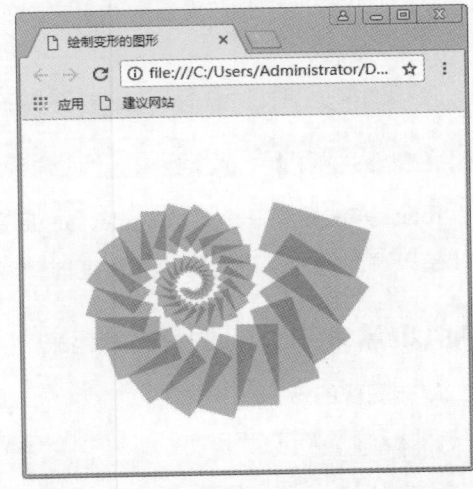

图 10-14

10.4.4　组合图形的绘制方法

使用 canvas API 可以将一个图形重叠绘制在另一个图形上面，但是图形中能够被看到的部分完全取决于以哪种方式进行组合，这就需要使用 canvas API 的图形组合技术。

在 HTML5 中，只要用图形上下文对象的 globalCompositeOperation 属性就能自己决定图形的组合方式，使用方法如下：

Context. globalCompositeOperation=type

Type 值必须是下面的字符串之一。

◎ Source-over：这是默认值，表示图形会覆盖在原图形之上。

◎ Destination-over：表示会在原有图形之下绘制新图形。

◎ Source-in：新图形仅出现与原有图形重叠的部分，其他区域都变为透明。

◎ Destination-in：原有图形中与新图形重叠的部分会被保留，其他区域都变为透明。

◎ Source-out：只有新图形中与原有内容不重叠的部分会被绘制出来。

◎ Destination-out：原有图形中与图形不重叠的部分会被保留。

◎ Source-atop：只绘制新图形中与原有图形重叠的部分和未被重叠覆盖的原有图形，新图形的其他部分变成透明。

◎ Destination-atop：只绘制原有图形中被新图形重叠覆盖的部分与新图形的其他部分，原有图形中的其他部分变成透明，不绘制新图形中与原有图形相重叠的部分。

◎ Lighter：两图形重叠部分做加色处理。

◎ Darker：两图形中重叠部分做减色处理。

◎ Xor：重叠部分会变成透明色。

◎ Copy：只有新图形会被保留，其他都被清除掉。

📐 小试身手　两个图像的重叠显示

重叠图像的示例代码如下：

```
<!DOCTYPE html>
<head>
<meta charset="UTF-8">
<title> 组合多个图形 </title>
<script >
function draw(id)
{
var canvas = document.getElementById(id);
if (canvas == null)
return false;
var context = canvas.getContext('2d');
// 定义数组
var arr = new Array(
"source-over",
"source-in",
"source-out",
"source-atop",
"destination-over",
```

```
"destination-in",
"destination-out",
"destination-atop",
"lighter",
"darker",
"xor",
"copy"
);
i = 8;
// 绘制原有图形
context.fillStyle = "#9900FF";
context.fillRect(10,10,200,200);
// 设置组合方式
context.globalCompositeOperation = arr[i];
// 设置新图形
context.beginPath();
context.fillStyle = "#FF0099";
context.arc(150,150,100,0,Math.PI*2,false);
context.fill();
}
</script>
</head>
<body onload="draw('canvas');">
<canvas id="canvas" width="400" height="300" />
</body>
</html>
```

代码的运行效果如图 10-15 所示。

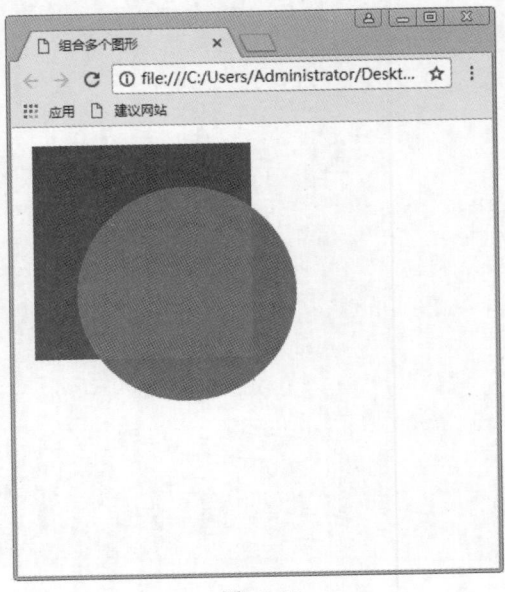

图 10-15

10.4.5 使用 canvas 绘制文字

文本绘制由以下两个方法组成：

```
fillText(text,x,y,maxwidth);
trokeText(text,x,y,maxwidth);
```

两个函数的参数完全相同，必选参数包括文本参数以及用于指定文本位置的坐标参数。maxwidth 是可选参数，用于限制字体大小，它会将文本字体强制收缩为指定尺寸。此外，还有一个 measureText 函数可供使用，该函数会返回一个度量对象，其中包含了在当前 context 环境下指定文本的实际显示宽度。

为了保证文本在各浏览器下都能正常显示，Canvas API 为 context 提供了类似于 CSS 的属性，以此来保证实际显示效果的高度可配置。

使用 canvas API 绘制文字主要涉及以下几个属性。

◎ Font：CSS 字体字符串，用来设置字体。

◎ textAlin：设置文字的水平对齐方式，属性值可以为 start、end、left、right、center。

◎ textBaeline：设置文字的垂直对齐方式，属性值可以为 top、hanging、middle、alphabetic、ideographic、bottom。

对上面这些 context 属性赋值能够改变 context，而访问 context 属性可以查询到其当前值。在下列代码中，首先创建了一段使用 Impact 字体的大字号文本，然后使用已有的树皮图片作为背景进行填充。为了将文本置于 canvas 的上方并居中，定义了最大宽度和 center（居中）对齐方式。

小试身手　绘制一段文字

绘制文字的示例代码如下：

```
<!DOCTYPE html>
<html>
<head>
<meta charset="UTF-8">
<title>Canvas 绘制文本文字 </title>
</head>
<body>
<!-- 添加 canvas 标签，并加上红色边框以便于在页面上查看 -->
<canvas id="myCanvas" width="400px" height="300px" style="border: 1px solid red;">
您的浏览器不支持 canvas 标签。
</canvas>
<script type="text/javascript">
```

```
// 获取 Canvas 对象（画布）
var canvas = document.getElementById("myCanvas");
// 简单地检测当前浏览器是否支持 Canvas 对象，以免在一些不支持 html5 的浏览器中提示语法错误
if(canvas.getContext){
// 获取对应的 CanvasRenderingContext2D 对象（画笔）
var ctx = canvas.getContext("2d");
// 设置字体样式
ctx.font = "30px Courier New";
// 设置字体填充颜色
ctx.fillStyle = "blue";
// 从坐标点 (50,50) 开始绘制文字
ctx.fillText(" 绘制文字 ", 50, 50);
}
</script>
</body>
</html>
```

代码的运行效果如图 10-16 所示。

图 10-16

10.5　课堂练习

本节课的课堂练习为绘制一个时钟，如图 10-17 所示。

10-17

图 10-17 显示效果的代码如下：

```
<!DOCTYPE html>
<html lang="en">
<head>
  <meta charset="UTF-8">
  <title> 时钟 </title>
  <style>
    body {
      padding: 0;
      margin: 0;
      background-color: rgba(0, 0, 0, 0.1)
    }

    canvas {
      display: block;
      margin: 200px auto;
    }
  </style>
</head>
<body>
<canvas id="solar" width="300" height="300"></canvas>
<script>
  init();
```

```
function init(){
    let canvas = document.querySelector("#solar");
    let ctx = canvas.getContext("2d");
    draw(ctx);
}

function draw(ctx){
    requestAnimationFrame(function step(){
        drawDial(ctx); // 绘制表盘
        drawAllHands(ctx); // 绘制时分秒针
        requestAnimationFrame(step);
    });
}
/* 绘制时分秒针 */
function drawAllHands(ctx){
    let time = new Date();

    let s = time.getSeconds();
    let m = time.getMinutes();
    let h = time.getHours();

    let pi = Math.PI;
    let secondAngle = pi / 180 * 6 * s;  // 计算出来 s 针的弧度
    let minuteAngle = pi / 180 * 6 * m + secondAngle / 60;  // 计算出来分针的弧度
    let hourAngle = pi / 180 * 30 * h + minuteAngle / 12;  // 计算出来时针的弧度

    drawHand(hourAngle, 60, 6, "#FF0099", ctx);  // 绘制时针
    drawHand(minuteAngle, 106, 4, "orange", ctx);  // 绘制分针
    drawHand(secondAngle, 129, 2, "green", ctx);  // 绘制秒针
}
/* 绘制时针、或分针、或秒针
 * 参数 1：要绘制的针的角度
 * 参数 2：要绘制的针的长度
 * 参数 3：要绘制的针的宽度
 * 参数 4：要绘制的针的颜色
 * 参数 4：ctx
 * */
function drawHand(angle, len, width, color, ctx){
    ctx.save();
    ctx.translate(150, 150); // 把坐标轴的原点平移到原来的中心
    ctx.rotate(-Math.PI / 2 + angle); // 旋转坐标轴。 x 轴就是针的角度
```

```
        ctx.beginPath();
        ctx.moveTo(-4, 0);
        ctx.lineTo(len, 0);  // 沿着 x 轴绘制针
        ctx.lineWidth = width;
        ctx.strokeStyle = color;
        ctx.lineCap = "round";
        ctx.stroke();
        ctx.closePath();
        ctx.restore();
    }

    /* 绘制表盘 */
    function drawDial(ctx){
        let pi = Math.PI;

        ctx.clearRect(0, 0, 300, 300); // 清除所有内容
        ctx.save();

        ctx.translate(150, 150); // 一定坐标原点到原来的中心
        ctx.beginPath();
        ctx.arc(0, 0, 148, 0, 2 * pi); // 绘制圆周
        ctx.stroke();
        ctx.closePath();

        for (let i = 0; i < 60; i++){// 绘制刻度。
            ctx.save();
            ctx.rotate(-pi / 2 + i * pi / 30);  // 旋转坐标轴。坐标轴 x 的正方形从向上开始算起
            ctx.beginPath();
            ctx.moveTo(110, 0);
            ctx.lineTo(140, 0);
            ctx.lineWidth = i % 5 ? 2 : 4;
            ctx.strokeStyle = i % 5 ? "blue" : "red";
            ctx.stroke();
            ctx.closePath();
            ctx.restore();
        }
        ctx.restore();
    }
</script>
</body>
</html>
```

强化训练

现在制作一个经典的游戏——贪吃蛇。

如图 10-18 所示是制作完成的效果。

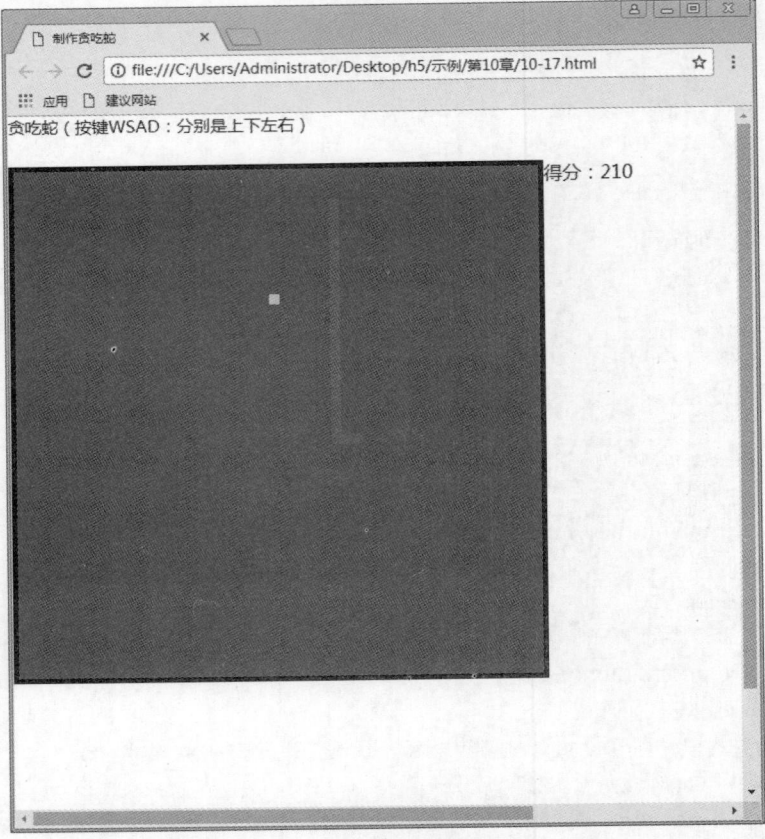

图 10-18

操作提示：

```
<!DOCTYPE HTML>
<html>
<head>
<meta http-equiv="Content-Type" content="text/html; charset=utf-8">
<title> 制作贪吃蛇 </title>
<style type="text/css">
body{
    margin:0 auto;
    background:#green;
```

```
            width:960px;
            height:800px;
        }
        nav{
            width:960px;
            height:50px;
            float:left;
        }
        canvas {
            border: thick solid #000000;
            width:500px;
            height:500px;
            float:left;
        }
        #score{
            width:100px;
            height:500px;
            font-size:18px;
            font-weight:green;
            float:left;
        }
        #score span{
            color:#fffff;
        }
    </style>
</head>
<body>
<nav>
    贪吃蛇（按键 WSAD：分别是上下左右）
</nav>
<canvas id="canvas" width="500" height="500">
</canvas>

<div id="score">
    得分： <span>0</span>
</div>
</body>
</html>
```

第11章
离线储存和拖放

内容概要

　　离线 Web 是当前最流行的网络技术之一。在 HTML5 中，提供了一个供本地缓存使用的 API，使用它，可以实现离线 Web 应用程序的开发。Web workers API 是被广泛应用的网络技术之一。通过 Web workers，可以将耗时较长的处理交给后台线程去运行，从而解决了 HTML5 之前因为某个处理耗时过长而导致用户不得不结束处理进程的尴尬状况。在 HTML5 中提供了直接支持拖放操作的 API，支持在浏览器与其他应用程序之间数据的互相拖动，这也是 HTML5 中较为突出的一个部分，本章将一一讲解这些应用。

学习目标

◆ 学会离线 Web 的使用方法　　　　　　　◆ 掌握使用 Web workers API 方法

◆ 了解离线 Web 应用的浏览器支持情况　　◆ 掌握拖放 API 的应用知识

知识导图

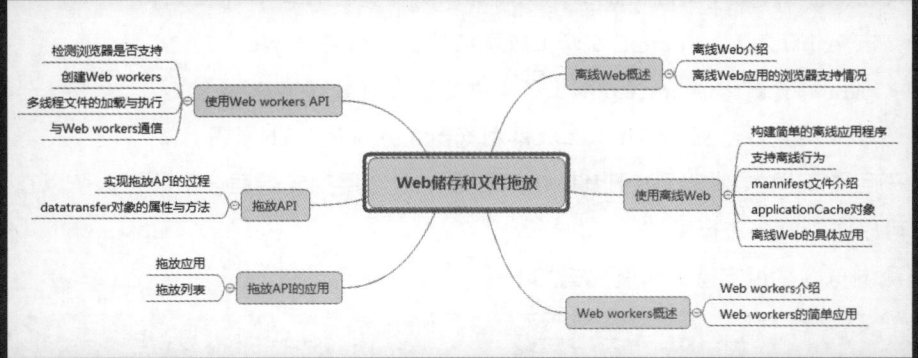

课时安排

◆ 理论知识 1 课时

◆ 上机练习 2 课时

11.1 离线 Web 入门

在 Web 应用中使用缓存的原因之一是为了支持离线应用。在全球互连的时代，离线应用仍有其使用价值。当无法上网时，可以应用离线 Web 完成工作。

11.1.1 离线 Web 介绍

在 HTML5 中新增了一个 API，为离线 Web 应用程序的开发提供了可能性。为了让 Web 应用程序在离线状态时也能正常工作，就必须把所有构成 Web 应用程序的资源文件，如：HTML 文件、CSS 文件、JavaScript 脚本文件等放在本地缓存中，当服务器没有和互联网建立链接的时候，可以利用本地缓存中的资源文件正常运行 Web 应用程序。

本地缓存是为整个 Web 应用程序服务的，而浏览器的网页缓存只服务于单个网页，任何网页都具有网页缓存，而本地缓存只缓存那些指定缓存的网页。

网页缓存是不安全、不可靠的，因为不知道在网站中缓存了哪些页面，缓存了网页上的哪些资源。而本地缓存可以控制对哪些内容进行缓存。开发人员可以用编程的手段控制缓存的更新，利用缓存对象的各种属性、状态和事件开发出更为强大的离线应用程序。

11.1.2 离线 Web 应用的浏览器支持情况

在 HTML5 中，很多浏览器都支持离线 Web 应用。具体支持离线 Web 应用的浏览器有以下几个：

◎ Chrome 浏览器，Chrome4.0 以上版本浏览器支持离线 Web 应用。

◎ Firefox 浏览器，Firefox3.5 以上版本浏览器支持离线 Web 应用。

◎ Opera 浏览器，Opera10.6 以上版本浏览器支持离线 Web 应用。

◎ Safari 浏览器，Safari4.0 以上版本浏览器支持离线 Web 应用。

由于目前不同的浏览器对于 HTML5 离线 Web 应用的支持程度不一样，所以在使用之前最好可以对浏览器进行测试。

检测浏览器是否支持的示例代码如下：

```
if(window.applicationCache){
// 浏览器支持离线应用
alert(" 您的浏览器支持离线应用 ");
}else{
// 浏览器不支持离线应用
alert(" 您的浏览器不支持离线应用 ");
}
```

11.2　使用离线 Web

当打开一个页面加载完成后突然断网了，或是刷新页面后内容就没有了，这种感觉肯定很糟。但如果刷新页面后还是刚才的页面，或是输入相同的网址重新访问该页面，在断网的状态下依旧可以打开，感觉又会不一样。下面介绍离线 Web 的具体应用。

11.2.1　支持离线行为

假设构建一个包含 css、js、html 的单页应用，同时为这个单页应用添加离线支持，需要将描述文件与页面关联起来，并用 html 标签的 manifest 特性指定描述文件的路径。

```
<html manifest='./offline.appcache'>
```

开发离线应用的第一步就是检测设备是否离线。

HTML5 新增了 navigator.onLine 属性，当该属性为 true 时表示联网；值为 false 时，表示离线，检测代码如下：

```
if(navigator.onLine){
// 联网
}else{
// 离线
}
```

小试身手　演示网页是否在线

查看网页页面状态是否在线的示例代码如下：

```
<!DOCTYPE html>
<html lang="en">
<head>
<meta charset="UTF-8">
<title>Document</title>
<script>
function loadState(){
if(navigator.online){
console.log(" 在线 ");
}else{
console.log(" 离线 ");
}
// 添加事件监听器，实时监听
window.addEventListener(" 在线 "function(){
```

```
console.log(" 在线 ");
},true);
window.addEventListener(" 离线 "function(){
console.log(" 离线 ");
},true);
}
</script>
</head>
<body>
</body>
</html>
```

11.2.2   manifest 文件介绍

Web 应用程序的本地缓存是通过每个页面的 manifest 文件管理的。manifest 文件是一个文本文件，在该文件中以清单的形式列举了需要被缓存或不需要被缓存的资源文件的文件名称以及这些资源文件的访问路径。可以为每一个页面单独指定一个 manifest 文件，也可以为整个 Web 应用程序指定一个总的 manifest 文件。

manifest 文件示例代码如下：

```
CACHE MANIFEST
# 文件的开头必须书 CACHE MANIFEST
# 该 manifest 文件的版本号
#version 7
CACHE:
other.html
hello.js
images/myphoto.jpg
NETWORK:
http://google.com/xxx
NotOffline.jsp
*
FALLBACK:
online.js locale.js
CACHE:
newhello.html
newhello.js
```

上述代码的解释和延伸：

在 manifest 文件中，第一行必须是 "CACHE MANIFEST" 文字，以把本文件的作用告知浏览器，即对本地缓存中的资源文件进行具体设置。同时，真正运行或测试离线 Web 应用程序时，需要对服务器进行配置，让服务器支持 text/cache-manifest 的这个 MIME 类型（在 HTML 5 中规定 manifest 文件的 MIME 类型为 text/cache-manifest）。

在 manifest 文件中，可以加上注释来进行一些必要的说明或解释，注释行以"#"开始；文件中可以（而且最好）加上版本号，以表示该 manifest 文件的版本，版本号可以是任何形式的，更新文件时一般也会对该版本号进行更新。

指定资源文件，文件路径可以是相对路径，也可以是绝对路径。指定时每个资源文件为一行。在指定资源文件时，可以把资源文件分为三类，分别是"CACHE""NETWORK"和"FALLBACK"。

在 CACHE 类别中指定需要被缓存在本地的资源文件。为某个页面指定需要本地缓存的资源文件时，不需要把这个页面本身指定在 CACHE 类型中，因为如果一个页面具有 manifest 文件，浏览器会自动对这个页面进行本地缓存。

NETWORK 类别为显式指定不进行本地缓存的资源文件，这些资源文件只有当客户端与服务器端建立链接的时候才能访问。该示例中的"*"为通配符，表示没有在本 manifest 文件中指定的资源文件都不进行本地缓存。

FALLBACK 类别中指定两个资源文件，每一个资源文件为能够在线访问时使用的资源文件，第二个资源文件为不能在线访问时使用的备用资源文件。

每个类别都是可选的。但如果文件开头没有指定类别而直接书写资源文件，浏览器将把这些资源文件视为 CACHE 类别，直到看见文件中第一个被书写出来的类别为止，并且允许在同一个 manifest 文件中重复书写同一类别。

为了让浏览器能够正常阅读该文本文件，需要在 Web 应用程序页面上 html 元素的 manifest 属性中指定 manifest 文件的 URL 地址。指定方法的示例代码如下：

```
<!-- 可以为每个页面单独指定一个 manifest 文件 -->
<html manifest="hello.manifest">
</html>
<!-- 也可以为整个 Web 应用程序指定一个总的 manifest 文件 -->
<html manifest="global.manifest">
</html>
```

通过这些步骤，将资源文件保存到本地缓存区的基本操作就完成了。当要对本地缓存区的内容进行修改时，只要修改 manifest 文件就可以了。文件被修改后，浏览器可以自动检查 manifest 文件，并自动更新本地缓存区中的内容。

11.2.3 applicationCache 对象

applicationCache 对象代表本地缓存，可以用它来通知本地缓存已经被更新，且允许手工更新本地缓存。在浏览器与服务器的交互过程中，当浏览器对本地缓存进行更新，将传入新的资源文件时，会触发 applicationCache 对象的 updateready 事件，通知本地缓存已经被更新。还可以利用该事件告知本地缓存已经被更新，用户需要手工刷新页面得到最新版本的应用程序，代码如下：

```
applicationCache.addEventListener("updateready", function(event) {
// 本地缓存已被更新，通知用户。
alert(" 本地缓存已被更新，可以刷新页面来得到本程序的最新版本。");
}, false);
```

另外，可以通过 applicationCache 对象的 swapCache() 方法来控制进行本地缓存的更新及更新时机。

该方法用来手工执行本地缓存的更新，它只能在 applicationCache 对象的 updateready 事件被触发时调用，updateready 事件只有在服务器上的 manifest 文件被更新，并将其所要求的资源文件下载到本地后才触发。该事件的含义是"本地缓存准备被更新"。当这个事件被触发后，可以用 swapCache() 方法手工进行本地缓存的更新。

当本地缓存的容量非常大时，本地缓存的更新工作将需要相对较长的时间，而且还会把浏览器锁住，这时最好有个提示，告知用户正在进行本地缓存的更新，代码如下：

```
applicationCache.addEventListener("updateready", function(event) {
// 本地缓存已被更新，通知用户。
alert(" 正在更新本地缓存……");
applicationCache.swapCache();
alert(" 本地缓存更新完毕，可以刷新页面使用最新版应用程序。");
}, false);
```

在以上代码中，如果不使用 swapCache() 方法，本地缓存一样会被更新，但是，更新的时间不一样。如果不调用该方法，本地缓存将在下一次打开本页面时被更新；如果调用该方法，则本地缓存将会被立刻更新。因此，可以利用 confirm() 方法让用户选择更新时机，是立刻更新还是下次打开页面时更新，特别是当用户可能正在页面上执行一个较大的操作时。

尽管使用 swapCache() 方法立刻更新了本地缓存，但并不意味着页面上的图像和脚本文件会被立刻更新，它们都是在重新打开本页面时才会生效。

小试身手　本地缓存

本地缓存的 HTML 页面的示例代码如下：

```
<!DOCTYPE html>
<html manifest="swapCache.manifest">
<head>
<meta charset="UTF-8"/>
```

```
<title>swapCache() 方法示例 </title>
<script type="text/javascript" src="js/script.js"></script>
</head>
<body>
<p>swapCache() 方法示例。</p>
</body>
</html>
```

以上页面所使用的脚本文件代码如下:

Js 代码

```
document.addEventListener("load", function(event) {
setInterval(function() {
// 手工检查是否有更新
applicationCache.update();
}, 5000);
applicationCache.addEventListener("updateready", function(event) {
if(confirm(" 本地缓存已被更新，需要刷新页面获取最新版本吗？ ")) {
// 手工更新本地缓存
applicationCache.swapCache();
// 重载页面
location.reload();
}
}, false);
});
```

该页面使用的 manifest 文件内容如下:

Txt 代码

```
CACHE MANIFEST
#version 1.20
CACHE:
script.js
```

11.2.4 离线 Web 的具体应用

离线应用程序缓存功能允许我们指定 Web 应用程序所需的全部资源，这样浏览器就能在加载 HTML 文档时把它们全部下载。

定义浏览器缓存:

◎ 启用离线缓存: 创建一个清单文件，并在 html 元素的 manifest 属性里引用它。

◎ 指定离线应用程序里要缓存的资源: 在清单文件的顶部或者 CACHE 区域里列出资源。

◎ 指定资源不可用时要显示的备用内容: 在清单文件的 FALLBACK 区域里列出内容。

◎ 指向始终向服务器请求的资源: 在清单文件的 NETWORK 区域里列出内容。

⚙ **小试身手**　　离线 Web 应用

首先创建 fruit.appcache 的清单文件

```
CACHE MANIFEST
example.html
banana100.png
FALLBACK:
* 404.html
NETWORK:
cherries100.png
CACHE:
apple100.png
```

再创建 404.html 文件，用于链接指向的 html 文件不在离线缓存中就可以用它来代替。

离线应用的具体代码如下所示：

```
<!DOCTYPE HTML>
<html manifest="fruit.appcache">
<head>
<title>Offline</title>
</head>
<body>
<h1> 您要的页面找不到了！ </h1>
可以帮助你了！
</body>
</html>
```

最后创建需要启用离线缓存的 html 文件。

```
<!DOCTYPE HTML>
<html manifest="fruit.appcache">
<head>
<title>Example</title>
<style>
img {border: medium double black; padding: 5px; margin: 5px;}
</style>
</head>
<body>
<img id="imgtarget" src="banana100.png"/>
<div>
<button id="banana">Banana</button>
<button id="apple">Apple</button>
<button id="cherries">Cherries</button>
</div>
<a href="otherpage.html">Link to another page</a>
<script>
var buttons = document.getElementsByTagName("button");
for (var i = 0; i < buttons.length; i++) {
```

```
buttons[i].onclick = handleButtonPress;
}
function handleButtonPress(e) {
document.getElementById("imgtarget").src = e.target.id + "100.png";
}
</script>
</body>
</html>
```

 ## 11.3 Web workers 知识

Web Workers 是一种机制，从一个 Web 应用的主执行线程中分离出一个后台线程，在这个后台线程中运行脚本操作。这个机制的优势是耗时的处理可以在一个单独的线程中来执行，与此同时，主线程（通常是 UI）可以在毫不堵塞的情况下运行。

11.3.1 Web workers 概述

一个 worker 是一个使用构造函数（例如：worker()）来创建的对象，在一个命名的 JS 文件里面运行，这个文件包含了在 worker 线程中运行的代码。Workers 不同于 Window，是在另一个全局上下文中运行的。在专用的 workers 例子中，是由 Dedicated WorkerGlobalScope 对象代表了这个上下文环境（标准 workers 是由单个脚本使用的；共享 workers 使用的是 SharedWorkerGlobalScope）。

在 worker 线程里可以运行任何代码，当然也有一些例外。例如，不能直接操作在 worker 里面的 DOM，也不能使用 Window 对象的一些默认方法和属性。但是，可以使用 Window 下许多可用的项目，包括 WebSockets，类似 IndexedDB 和 Firefox OS 独有的 Data Store API 这样的数据存储机制。

在 HTML5 中，创建后台线程的步骤十分简单，只需要在 Worker 类的构造器中将需要在后台线程中执行主脚本文件的 URL 地址作为参数，然后创建 Worker 对象就可以了，代码如下：

```
var Worker = Worker("Worker.js");
```

在后台线程中是不能访问页面或窗口对象的。如果在后台线程的脚本文件中用到 window 对象或 document 对象，会引起错误。

使用 Worker 对象的 Message 方法对后台线程发送消息，代码如下：

```
Worker.postMessage(message);
```

在上述代码中，发送的消息是文本数据，也可以是任何 JavaScript 对象（需要通过 JSON 对象的 stingoify 方法将其转换成文本数据）。

另外，可以通过获取 Worker 对象的 onmessage 事件句柄及 Worker 对象的 postMessage 方法，在后台线程内部进行消息的接收和发送。

11.3.2　Web workers 的简单应用

使用 Web worker，可以分为以下几个步骤。

（1）生成 worker

创建一个新的 worker，只需调用 Worker() 构造函数，然后指定一个要在 worker 线程内运行脚本的 URI，如果希望收到 worker 的通知，可以将 worker 的 onmessage 属性设置成一个特定的事件处理函数。

```
var myWorker = new Worker("my_task.js");
myWorker.onmessage = function (oEvent) {
 console.log("Called back by the worker!\n");
};
也可以使用 addEventListener()：
var myWorker = new Worker("my_task.js");
myWorker.addEventListener("message", function (oEvent) {
 console.log("Called back by the worker!\n");
}, false);
myWorker.postMessage(""); // 启动 worker
```

上述代码的解释如下：

第一行创建了一个新的 worker 线程。

第二行为 worker 设置了 message 事件的监听函数。当 worker 调用自己的 postMessage() 函数时就会调用这个事件处理函数。

第五行启动了 worker 线程。

（2）传递数据

在主页面与 worker 之间传递的数据是通过拷贝，而不是共享来完成的。传递给 worker 的对象需要经过序列化，接下来在另一端还需要反序列化。页面与 worker 不会共享同一个示例，最终的结果就是在每次通信结束时生成数据的一个副本。大部分浏览器使用结构化拷贝来实现该特性。

创建一个名为 emulateMessage() 的函数，它将模拟从 worker 到主页面（反之亦然）的通信过程中，变量的"拷贝而非共享"行为，"拷贝而非共享"的值称为消息。

emulateMessage() 函数的示例代码如下：

```
function emulateMessage (vVal) {
    return eval("(" + JSON.stringify(vVal) + ")");
}
// Tests
// test #1
var example1 = new Number(3);
alert(typeof example1); // object
alert(typeof emulateMessage(example1)); // number

// test #2
var example2 = true;
alert(typeof example2); // boolean
alert(typeof emulateMessage(example2)); // boolean

// test #3
var example3 = new String("Hello World");
alert(typeof example3); // object
alert(typeof emulateMessage(example3)); // string

// test #4
var example4 = {
"name": "John Smith",
"age": 43
};
alert(typeof example4); // object
alert(typeof emulateMessage(example4)); // object

// test #5
function Animal (sType, nAge) {
this.type = sType;
this.age = nAge;
}
var example5 = new Animal("Cat", 3);
alert(example5.constructor); // Animal
alert(emulateMessage(example5).constructor); // Object
```

worker 可以使用 postMessage() 将消息传递给主线程或从主线程传送回来。message 事件的 data 属性就包含了从 worker 传回来的数据。示例代码如下：

```
example.html: ( 主页面 ):
myWorker.onmessage = function (oEvent) {
console.log("Worker said :"+oEvent.data);
};
myWorker.postMessage("ali");
```

```
my_task.js (worker):
postMessage("I\' m working before postMessage(\' ali\' ).");
onmessage = function (oEvent) {
postMessage("Hi " + oEvent.data);
};
```

知识拓展

通常来说，后台线程 worker 无法操作 DOM。如果后台线程需要修改 DOM，那么它应该将消息发送给它的创建者，让创建者来完成这些操作。

11.4 使用 Web workers API

想要使用 Web Workers，就需要了解其浏览器的支持情况，在 HTML5 中，Web Workers 已经得到了很多浏览器的支持。支持 Web Workers 的浏览器有以下几个：

◎ Chrome3.0 及以上版本的浏览器。

◎ Firefox3.5 及以上版本的浏览器。

◎ Opera10.6 及以上版本的浏览器。

◎ Safari4.0 及以上版本的浏览器。

◎ IE10 及以上版本的浏览器。

11.4.1 检测浏览器是否支持

在使用 Web Workers API 函数之前，首先需要确认浏览器是否支持 Web Workers。如果不支持，可以提供一些备用信息，提醒用户使用最新的浏览器。下面通过一个示例讲解如何检查浏览器是否支持 Web Workers。

小试身手 检测浏览器是否支持 Web Workers API

检测浏览器是否支持的示例代码如下：

```
<!DOCTYPE html>
<html lang="en">
<head>
<meta charset="UTF-8">
<title>Document</title>
<script>
```

```
window.onload = function(){
var sup = document.getElementById("support");
if(typeof Worker!=="undefined"){
sup.innerHTML = " 您的浏览器支持 Web Workers";
}else{
sup.innerHTML = " 您的浏览器不支持 Web Workers";
}
}
</script>
</head>
<body>
<h1> 检测您的浏览器是否支持 Web Workers</h1>
<p id="support"></p>
</body>
</html>
```

代码的运行效果如图 11-1 所示。

可以看到浏览器是支持 Web Workers 的。

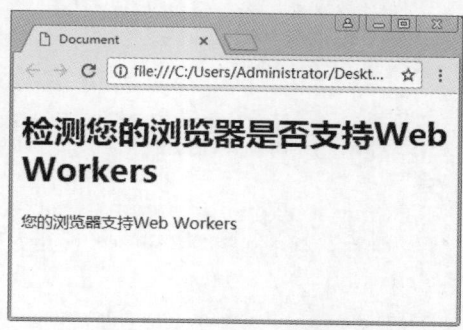

图 11-1

11.4.2 创建 Web workers

在 HTML5 中，Web Workers 初始化时会接收一个 JavaScript 文件的 URL 地址，其中包含了 Worker 执行的代码。下面的代码会设置事件监听器，并与商城 Worker 的容器进行通信，以创建 Web Workers。JavaScript 文件的 URL 可以是相对路径或者绝对路径，只需同源（相同的协议，主机和端口）即可，示例代码如下：

```
var Worker = Worker("echo Worker.js");
```

11.4.3 多线程文件的加载与执行

对于多个 JavaScript 文件组成的应用程序来说，可以通过包含 script 元素的方式，在页面加载时同步加载 JavaScript 文件。但由于 Web Workers 没有访问 document 对象的权限，所以在 Worker 中必须使用另外一种方法导入其他的 JavaScript 文件，代码如下：

```
importScripts("helper.js");
```

导入的 JavaScript 文件只会在某一个已有的 Worker 中加载并执行。多个脚本的导入也可以使用 importScripts 函数，它们将按顺序执行。

11.4.4 与 Web workers 通信

Web Worker 生成以后，就可以使用 postMessage API 传送和接收数据了。postMessage 还同时支持跨框架和跨窗口通信。下面通过一个示例讲解如何与 Web Workers 通信。

小试身手 与 Web Workers 通信

web workers.html 文件示例代码如下：

```html
<!DOCTYPE html>
<html>
<head>
<meta charset="UTF-8">
<title>web worker</title>
</head>
<body>
<p> 计数 :<output id="result"></output></p>
<button onclick="startr()"> 开始 worker</button>
<button onclick="end()"> 停止 worker</button>
<script type="text/javascript">
var w;
function start(){
if(typeof(Worker)!="undefined"){
if(typeof(w)=="undefined"){
w = new Worker("webworker.js");
}
//onmessage 是 Worker 对象的 properties
w.onmessage = function(event){// 事件处理函数 , 用来处理后端的 web worker 传递过来的消息
document.getElementById("result").innerHTML=event.data;
};
  }else{
document.getElementById("result").innerHTML="sorry,your browser does not support web workers";
}
}
function end(){
w.terminate();// 利用 Worker 对象的 terminated 方法 , 终止
w=undefined;
}
</script>
</body>
</html>
```

在后台运行的 web worker js 文件的代码如下：

```
var i = 0;
function timer(){
i = i + 1;
postMessage(i);
setTimeout("timer()",1000);
}
timer();
```

这样就完成了这个通信，使运行在后台的 web worker.js 文件每 0.5 秒数字都会 +1。代码的运行效果如图 11-2 所示。

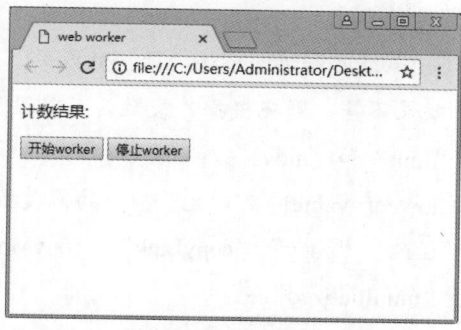

图 11-2

11.5 拖放 API

虽然在 HTML5 之前已经可以使用 mousedown、mousemove 和 mouseup 等实现拖放操作，但是只支持在浏览器内部进行拖放，而在 HTML5 中，实现了在浏览器与其他应用程序之间的互相拖放，简化了拖放代码的编写工作。

11.5.1 实现拖放 API 的过程

在 HTML5 中实现拖放操作，需要以下两个步骤：

第一步：把要拖放的对象元素的 draggable 属性设置为 true(draggable="true")，这样才能拖放该元素。另外，img 元素与 a 元素 (必须制定 href) 被默认为允许拖放。例如：
<div draggable="true" > 可以对我进行拖曳！</div>

第二步：编写与拖放有关的事件处理代码。

与拖放有关的几个事件如下：

◎ ondtagstart 事件：当拖曳元素开始被拖曳时触发的事件，此事件作用在被拖曳的元素上。

257

◎ ondragenter 事件：当拖曳元素进入目标元素时触发的事件，此事件用在目标元素上。

◎ ondragover 事件：当拖曳元素在目标元素上移动时触发的事件，此事件用在目标元素上。

◎ ondrop 事件：当被拖曳元素在目标上同时松开鼠标时触发的事件，此事件作用在目标元素上。

◎ ondragend 事件：当拖曳完成后触发的事件，此事件作用在被拖曳元素上。

11.5.2　dataTransfer 对象的属性与方法

HTML5 支持拖曳数据储存，主要使用 dataTransfer 接口，作用于元素的拖曳基础上。dataTransfer 对象包含以下属性和方法。

◎ dataTransfer.dropEffrct[=value]：返回已选择的拖放效果，如果该操作效果与最初设置的 effectAllowed 效果不符，则拖曳操作失败。可以设置修改，包含这几个值："none""copy""link"和"move"。

◎ dataTransfer.effectAllowed[=value]：返回允许执行的拖曳操作效果，可以设置修改，包含这几个值："none""copy""copyLink""copyMove""link""linkMove""move""all"和"uninitialized"。

◎ dataTransfer.types：返回在 dragstart 事件触发时为元素存储数据的格式，如果是外部文件的拖曳，则返回"files"。

◎ dataTransfer.clearData([format,data])：删除指定格式的数据，如果未指定格式，则删除当前元素的所有携带数据。

◎ dataTransfer.setData(format,data)：为元素添加指定数据。

◎ dataTransfer.getData(format)：返回指定数据，如果数据不存在，则返回空字符串。

◎ dataTransfer.files：如果是拖曳文件，则返回正在拖曳的文件列表 FileList。

◎ dataTransfer. setDragimage(element,x,y)：指定拖曳元素时跟随鼠标移动的图片，x 和 y 分别是相对于鼠标的坐标。

◎ dataTransfer.addElement(element)：添加一起跟随拖曳的元素，如果想让某个元素跟随被拖曳元素一起被拖曳，则使用此方法。

 ## 11.6　拖放 API 的应用

文件的拖放广泛应用于网页中，下面根据两个示例介绍拖放的具体应用。

11.6.1 拖放应用

首先打开 Sublime，创建一个 html 文档，标题为"我的第一个拖曳练习"。接下来创建两个 div 方块区域，分别给上 id 为"d1"和"d2"，其中 d2 是将来要进行拖曳操作的 div，所以要给上属性 draggable，值为 true。

🔧 小试身手 拖放的实际应用

拖放的示例代码如下：

```
div id="d1"></div>
<div id="d2" draggable="true"> 请拖曳我 </div>
```

样式的部分也很简单，d1 作为投放区域，面积可以大一些，d2 作为拖曳区域，面积小一些，为了更好地区分，还改变了边框颜色，style 代码如下：

```
*{margin:0;padding:0;}
#d1{width: 500px;
height: 500px;
border:blue 2px solid;
}
#d2{width: 200px;`
height: 200px;
border: red so lid 2px;
}
```

通过 JavaScript 操作拖放 API 的部分，需要在页面中获取元素，分别获取到 d1 和 d2（d1 为投放区域，d2 为拖曳区域）。

Script 代码如下：

```
var d1 = document.getElementById("d1");
var d2 = document.getElementById("d2");
```

接着为拖曳区域绑定事件，分别为开始拖曳和结束拖曳，并将其在 d1 里面反馈出来。

```
d2.ondragstart = function(){
d1.innerHTML = " 开始！ ";
}
d2.ondragend = function(){
d1.innerHTML += " 结束！ ";
}
```

拖曳区域的事件写完之后已经可以看见页面上在拖曳 d2 区域，并且能看到在 d1 里面页面给的反馈，但现在还不能把 d2 放到 d1 中去。还需要为投放区分别绑定一系列事件，同时也是为了能够及时看见页面给的反馈，接着要在 d1 里写入一些文字。

```
d1.ondragenter = function (e){
d1.innerHTML += " 进入 ";
e.preventDefault();
}
d1.ondragover = function(e){
e.preventDefault();
}
d1.ondragleave = function(e){
d1.innerHTML += " 离开 ";
e.preventDefault();
}
d1.ondrop = function(e){
// alert(" 成功！ ");
e.preventDefault();
d1.appendChild(d2);
}
```

dragenter 和 dragover 可能会受到浏览器默认事件的影响，所以在这两个事件中使用 e.preventDefault() 以阻止浏览器默认事件。

到这里已经完成了拖曳案例，如果还想再深入完善，还可以为这个拖曳事件添加一些数据。例如可以在拖曳事件一开始的时候就把数据添加进去，代码如下：

```
d2.ondragstart = function(e){
e.dataTransfer.setData("myFirst"," 我的第一个拖曳小案例！ ");
d1.innerHTML = " 开始！ ";
}
```

数据 myFirst 已经被放进拖曳事件中，可以在拖曳事件结束之后再把数据读取出来，代码如下：

```
d1.ondrop = function(e){
// alert(" 成功！ ");
e.preventDefault();
alert(e.dataTransfer.getData("myFirst"));
d1.appendChild(d2);
}
```

拖曳动作进行前如图 11-3 所示。

拖曳动作进行后如图 11-4 所示。

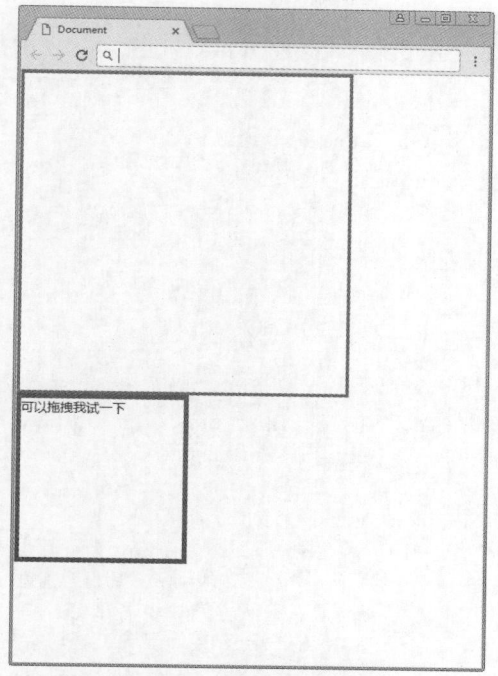

图 11-3

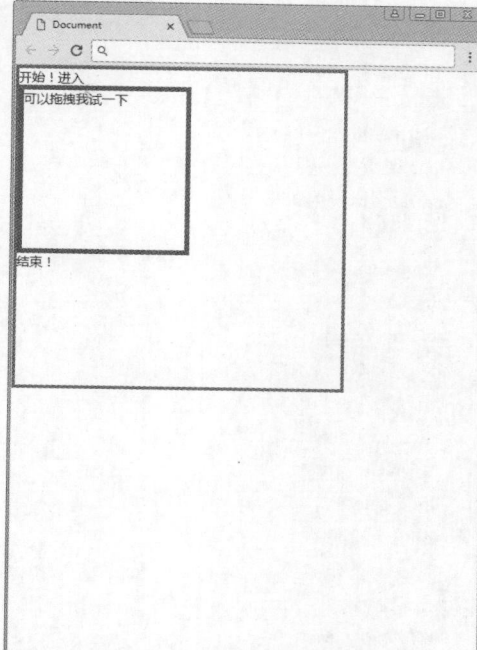

图 11-4

11.6.2 拖放列表

想要实现在页面中有两块区域，这两块区域里可能会有一些子元素，通过鼠标的拖曳让这些子元素在两个父元素里面来回交换。该怎样去做？

需要打开 sublime，新建一个 html 文档，命名为拖放列表。在页面中需要两个 div 作为容器，用来存放一些小块的 span。

小试身手 列表的拖放

列表拖放操作的示例代码如下：

```
<div id="content"></div>
<div id="content2">
<span>item1</span>
<span>item2</span>
<span>item3</span>
<span>item4</span>
</div>
```

接着为文档中的这些元素添加样式，为了区分两个 div 分别为两个 div 添加不同的边框颜色。

CSS 代码如下：

```
*{margin:0;padding:0;}
#content{
margin:20px auto;
width: 300px;
height: 300px;
border:2px red solid;
}
#content span{
display:block;
width: 260px;
height: 50px;
margin:20px;
background:#ccc;
text-align:center;
line-height:50px;
font-size:20px;
}
#content2{
margin:0 auto;
width: 300px;
height: 300px;
border:2px solid blue;
list-style:none;
}
#content2 span{
display:block;
width: 260px;
height: 50px;
margin:20px;
background:#ccc;
text-align:center;
line-height:50px;
font-size:20px;
}
```

在开发时不一定知道 div 中有多少个 span 子元素，所以一般不会直接在 html 页面中的 span 元素里面添加 draggable 属性，而是通过 JS 动态的为每个 span 元素添加 draggable 属性。

JS 代码如下：

```
var cont = document.getElementById("content");
var cont2 = document.getElementById("content2");
var aSpan = document.getElementsByTagName("span");
for(var i=0;i<aSpan.length;i++){
aSpan[i].draggable = true;
aSpan[i].flag = false;
aSpan[i].ondragstart = function(){
```

```
this.flag = true;
}
aSpan[i].ondragend = function(){
this.flag = false;
}
}
```

拖曳区域的事件写完了，特别要注意的是除了为每个 span 添加 draggable 属性之外，还要添加自定义属性 flag，这个 flag 属性在后面的代码中会有大作用。

下面就是的投放区域的事件了，至于需要做的上一小节中已经介绍过了，这里就不再赘述了。

代码如下：

```
cont.ondragenter = function(e){
e.preventDefault();
}
cont.ondragover = function(e){
e.preventDefault();
}
cont.ondragleave = function(e){
e.preventDefault();
}
cont.ondrop = function(e){
e.preventDefault();
for(var i=0;i<aSpan.length;i++){
if(aSpan[i].flag){
cont.appendChild(aSpan[i]);
}
}
}
cont2.ondragenter = function(e){
e.preventDefault();
}
cont2.ondragover = function(e){
e.preventDefault();
}
cont2.ondragleave = function(e){
e.preventDefault();
}
cont2.ondrop = function(e){
e.preventDefault();
for(var i=0;i<aSpan.length;i++){
if(aSpan[i].flag){
cont2.appendChild(aSpan[i]);
```

```
        }
      }
    }
```

到这里，代码就全部完成了，其实原理不复杂，相较于以前使用纯 JavaScript 操作来说也已经简化了很多。

代码的运行效果如图 11-5 所示。

拖曳后的效果如图 11-6 所示。

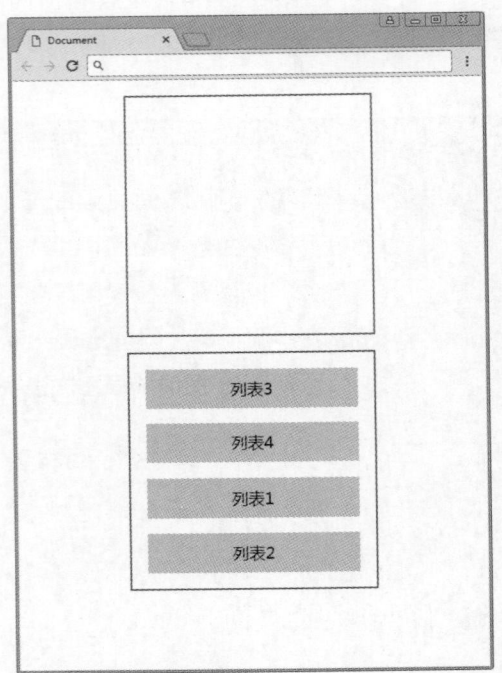

图 11-5

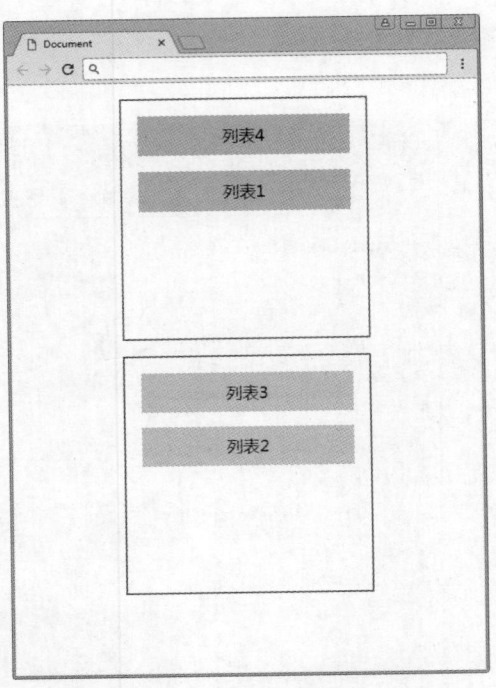

图 11-6

11.7 课堂练习

如图 11-7 所示，把图片拖到下面可以显示出具体价格和出版的时间。

图 11-7

先来制作整体部分，代码如下：

```
<body onLoad="pageload();">
 <ul>
  <li class="liF">
    <img src="img02.jpg" id="img02"
        alt="32" title="2006 作品 " draggable="true">
  </li>
  <li class="liF">
    <img src="img03.jpg" id="img03"
        alt="36" title="2008 作品 " draggable="true">
  </li>
  <li class="liF">
    <img src="2.jpg" id="img04"
        alt="42" title="2010 作品 " draggable="true">
  </li>
  <li class="liF">
    <img src="1.jpg" id="img05"
        alt="39" title="2011 作品 " draggable="true">
  </li>
 </ul>
 <ul id="ulCart">
  <li class="liT">
   <span> 书名 </span>
   <span> 定价 </span>
   <span> 数量 </span>
   <span> 总价 </span>
  </li>
 </ul>
</body>
```

制作 JS 部分的代码，如下：

```
<script type="text/javascript" language="jscript"
    src="Js/js6.js"/>
                // JavaScript Document
function $$(id) {
  return document.getElementById(id);
}
// 自定义页面加载时调用的函数
function pageload() {
    // 获取全部的图书商品
  var Drag = document.getElementsByTagName("img");
    // 遍历每一个图书商品
```

```
        for (var intI = 0; intI < Drag.length; intI++) {
                    // 为每一个商品添加被拖放元素的 dragstart 事件
            Drag[intI].addEventListener("dragstart",
            function(e) {
                var objDtf = e.dataTransfer;
                objDtf.setData("text/html", addCart(this.title, this.alt, 1));
            },
            false);
        }
        var Cart = $$("ulCart");
            // 添加目标元素的 drop 事件
        Cart.addEventListener("drop",
        function(e) {
            var objDtf = e.dataTransfer;
            var strHTML = objDtf.getData("text/html");
            Cart.innerHTML += strHTML;
            e.preventDefault();
            e.stopPropagation();
        },
        false);
    }
    // 添加页面的 dragover 事件
    document.ondragover = function(e) {
        // 阻止默认方法，取消拒绝被拖放
        e.preventDefault();
    }
    // 添加页面 drop 事件
    document.ondrop = function(e) {
        // 阻止默认方法，取消拒绝被拖放
        e.preventDefault();
    }
    // 自定义向购物车中添加记录的函数
    function addCart(a, b, c) {
        var strHTML = "<li class=' liC' >";
        strHTML += "<span>" + a + "</span>";
        strHTML += "<span>" + b + "</span>";
        strHTML += "<span>" + c + "</span>";
        strHTML += "<span>" + b * c + "</span>";
        strHTML += "</li>";
        return strHTML;
    }
    </script>
```

 强化训练

本章学习了 HTML5 中的重要知识点：文件的拖放。在一个网页中，很多地方会应用到此知识，如提交表单时会让用户放入证件照片等文件。现在练习做一个可以拖曳上传文件的应用效果。最终效果如图 11-8 所示。

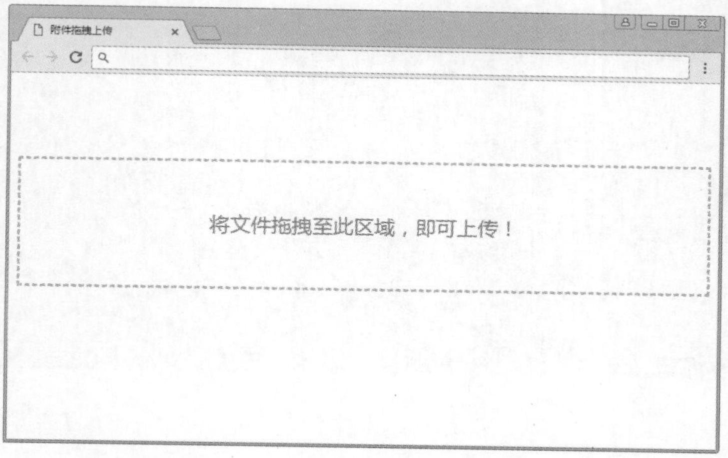

图 11-8

操作提示：

样式的提示代码如下：

```
<style>
*{
margin:0;
padding:0;
word-wrap: break-word;
font-family:"Hiragino Sans GB","Hiragino Sans GB W3","Microsoft YaHei",
font-style:normal;
font-size:100%;
list-style:none;
}
#uploadbox{
margin:100px auto;
width:800px;
height:150px;
line-height:150px;
text-align:center;
font-size:24px;
color:#999;
```

```
border:3px #c0c0c0 dashed;
position:relative;
}
</style>
```

Script 提示代码如下：

```
uploadbox.ondrop = function(e)
{
e.preventDefault();
var fd = new FormData();
for(var i = 0, j = e.dataTransfer.files.length; i < j; i++)
{
fd.append("files[]", e.dataTransfer.files[i]);
}
upload(fd);
return false;
};
```

HTML
5

第12章

综合实战

内容概要

　　表单主要是用来收集用户端提供的相关信息,使网页具有交互的作用。表单的用途很多,在制作动态网页时经常会用到。比如填写个人信息、会员注册和网上调查,访问者可以使用文本域、列表框、复选框、单选按钮之列的表单对象输入信息,单击按钮的时候提交用户所填写的一些信息。

学习目标

◆ 掌握制作网页的流程
◆ 学会分析网页中的各种元素

◆ 掌握制作网页时各个页面中出现的各种元素

知识导图

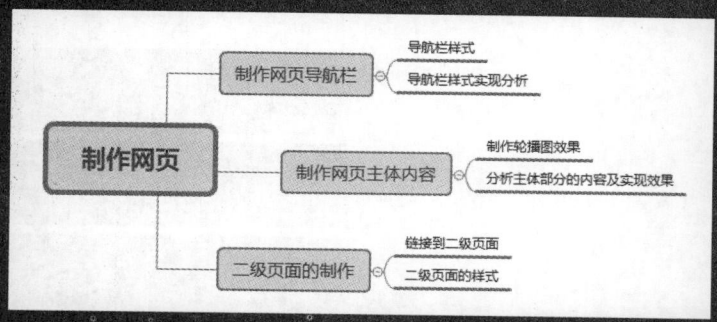

课时安排

◆ 理论知识 1 课时
◆ 上机练习 1 课时.

📁 12.1 制作一个商业网站

商业网站就是在网上开店，作为电子商务的一种形式，是让人们在浏览的同时能够了解和进行实际购买的网站。

12.1.1 商业网站的功能

和实体商店一样，商业网站主要由与商品有关的网页组成，包括主页、分类页和商品展示页 3 种。商业类网站具有方便快捷、交易迅速、避免压货、打理方便、形式多样等特点。下面一起来制作一个商业网站，如图 12-1所示。

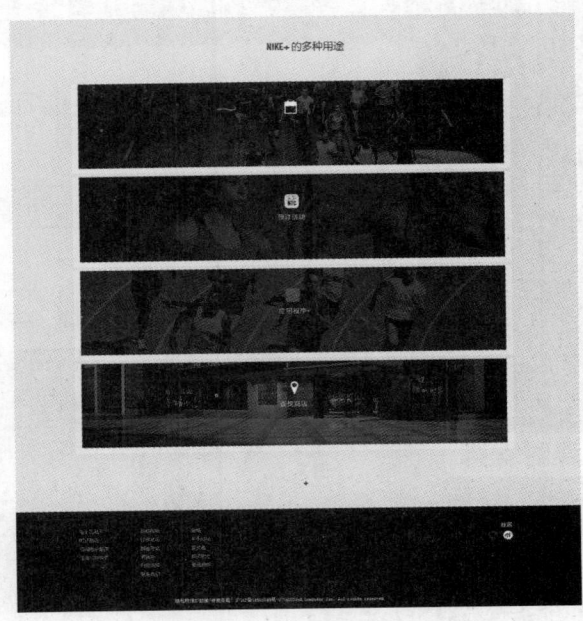

图 12-1

12.1.2 界面设计分析

本例网站以销售运动服装为主，一般而言，运动服具有舒适、时尚、透气等特点。因此在页面设计时需要充分考虑到这些因素，使网站充满运动的气息。综合以上分析，以浅灰为网页的背景色，以灰黑色区分出页面中的各个模块。本例分为 6 个部分，分别是头部、banner 部分、运动装备介绍部分、添加账户部分、+ 用途部分和底部部分。

通过对以上界面的分析，可以看出本例网页并不复杂，采用最基本的网页结构即可，根据网页的块级元素可将网页分为 3 块：头部、主体、尾部。

12.2 头部和 banner 的制作

本例的头部稍微复杂一些，包括了导航栏和 banner，banner 部分用到了 JavaScript，在制作的过程中应注意美观。

12.2.1 头部内容的结构分析

通过对页面效果图的分析，将头部分为 3 块内容，分别是网站 Logo、网站导航栏和用户搜索栏。页面的效果如图 12-2 所示。

首页 男子 女子 定制   搜索 ▢

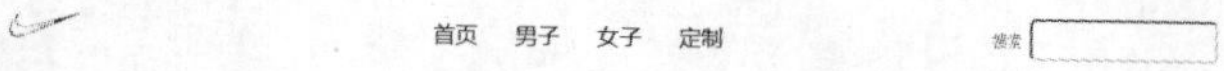

图 12-2

下面就来具体设置页面的样式代码，导航栏的样式及代码如下：

CSS 样式如下：

```
.logo{float: left;margin-left: 45px;}
.head0{float: left;margin-left: 260px;width: 300px;}
.head1 li{float: left;position: relative;margin-left: 10px;}
.head1 li p{position: absolute;top: 70px;left:0;width: 56px;height:145px;background-color: #2d2d2d;display: none;z-index: 10;}
.head1 a{font: 18px/2 微软雅黑 ;}
.head1 li:hover{background-color: #2d2d2d;}
.head1 li p a,.head2 a{display: block;font: 12px/2 宋体 ;padding: 0 6px;color: #ababab;width: auto;}
.head1 li:hover p{display: block;}
.head1 li p a:hover{color: #ffba00;}
.head1 a{color: #000;width: 56px;display: block;text-align: center;line-height: 70px;}
.head1 a:hover{background-color: #2d2d2d;color: #fff;}
.head2{float: left;margin-left:165px;margin-top: 16px;}
.head2 a{display: block;float: left;padding-top: 7px;}
.input_1{height: 30px;border-radius:5px;float: left;}
```

HTML 代码如下：

```
<div>
<div class="head safety">
<div class="logo" ><img src="img/logo_1.png"/></div>
<div class="head0">
<ul class="head1">
<li><a href=""> 首页 </a></li>
<li><a href="#"> 男子 </a>
<p>
<a href="#"> 男鞋 </a>
<a href="#"> 羽绒 </a>
<a href="#"> 运动鞋 </a>
<a href="#"> 运动服 </a>
<a href="#"> 健身 </a>
<a href="#"> 跑步 </a>
</p>
</li>
<li><a href=" 女子 .html"> 女子 </a>
<p>
<a href="#"> 女鞋 </a>
<a href="#"> 羽绒 </a>
<a href="#"> 运动鞋 </a>
<a href="#"> 运动服 </a>
<a href="#"> 健身 </a>
<a href="#"> 跑步 </a>
</p>
</li>
<li><a href=""> 定制 </a></li>
</ul>
</div>
<div class="head2">
<form ><a href="#"> 搜索 </a>
<input class="input_1" type="text" name="myname">
</form>
</div>
```

至此导航栏部分就完成了。

12.2.2 banner 的制作

banner 是一个网站的门面，网站中主要表现的内容都通过 banner 体现出来，所以 banner 的制作很重要，这里的 banner 用到了 JavaScript，这使网站看起来更加丰富多彩。

通过对页面的分析需要将下面的 4 幅图进行循环播放。如图 12-3 所示。

图 1

图 2

图 3

图 4

12-3

下面利用 JavaScript 将 4 幅图放在一起进行轮播。

```
轮播图 JS 样式
<meta http-equiv="Content-Type" content="text/html; charset=gb2312" />
<title>11</title>
<script src="js/jquery.1.7.2.min.js"></script>
<script src="js/jquery.img_silder.js"></script>
<script>
$(function(){
$('#silder').imgSilder({
s_width:'100%', //
s_height:650, //
is_showTit:true, //
s_times:3000, //
css_link:'css/style.css'
});
});
</script>
```

至此，banner 的制作就完成了。

12.3 页面主体的制作

首先分析页面的主体部分有哪些内容，接着分析内容的样式是用哪些属性做出来的，只有认真分析各部分的实现方式才能做出完美的网页。

273

12.3.1 主体内容结构分析

完成了头部和 banner 的内容制作后，下面对页面的主体内容进行制作。首先分析主体内容，从页面的效果图可以看出主体内容主要表现在页面的中间，其使用了很多留白的方式，这样的设计使页面更加简洁大方。

如图 12-4 所示：

图 12-4

主体的结构代码如下：

```
<div class="content">
<p><img src="img/nake_1.png"/></p>
<div><img style="width: 1100px;margin: 0 auto;" src="img/nake_3.png"></div>
<ul class="content1">
<li class="content11"> 运动装备 </li>
<li class="content12"> 作为会员，享受免费配送服务和 30 天退换货政策 </li>
<li class="content12" style="margin-left: 130px;"> 理想装备近在咫尺。 </li>
</ul>
```

```
<ul class="content1">
<li class="content11"> 专业指导 </li>
<li class="content12"> 认识 Nike+ 的专家们，在 Nike+ 应用内外找到最 </li>
<li class="content12" style="margin-left: 130px;"> 适合你们的服务哦。 </li>
</ul>
<ul class="content1" style="width: 350px;">
<li class="content11"> 丰富活动 </li>
<li class="content12"> 通过 APP 预定线下课程，参加我们的特别活动和每 </li>
<li class="content12" style="margin-left: 130px;"> 周不容错过的训练。 </li>
</ul>
</div>
<div class="content2">
<p style="margin-left: 295px;"><img src="img/nake_2.png"/></p>
</div>
<div class="content3" style="height: 90px;">
<p><a href="#"> 加入 NAKE+</a></p>
</div>
<div class="content4">
<p class="content41"><img src="img/nake_4.png"/></p>
<p class="content42"><img src="img/Hub_P5.jpg"/><a href="#"> 预订活动 </a></p>
<p class="content42"><img src="img/Hub_P6.jpg"/><a href="#"> 应用程序 +</a></p>
<p class="content42"><img src="img/Hub_P7.jpg"/><a href="#"> 查找商店 </a></p>
<p class="content42"><img src="img/Hub_P9.jpg"/></p>
<p class="content43"><img src="img/Hub_P10.jpg"/></p>
</div>
```

通过以上步骤完成了对主体代码的书写。

12.3.2 主体内容样式定义

如图 12-5 所示，鼠标放在图上出现了阴影和动态的效果。

图 12-5

主体内容的样式

```
.content,.content2,.content3,.footer1{width: 1100px;margin: 0 auto;}
.content p,.content2 p{margin-left:265px;}
.content1{float: left;width: 370px;}
.content11{font: 20px/1.5 微软雅黑 ;margin-top: 45px;margin-left: 140px;}
.content12{font: 12px/2 宋体 ;color: #ababab;margin-left: 50px}
.content3 p{width: 100px;height: 40px;border: solid 0.3px #ABABAB;margin: 0 auto;}
.content3 p a{font: 15px/1.5 微软雅黑 ;padding-left: 8px;padding-top: 9px;}
.content4{width: 100%;background-color: #F1F1F1;height: 1373px;position: relative;}
.content41{margin: 0 auto;width: 1100px;}
.content41 img{margin-left:410px;}.content42 img{width: 1100px;height: 250px;margin-left: 125px;margin-top:
10px;}
.content42 a{display: block;padding-left: 637px;position: absolute;padding-top: 120px;color: #F1F1F1;font-size:
18px;}
.content43 img{width: 1100px;height: 150px;margin-left: 125px;margin-top: 10px;}
.content42 img:hover{box-shadow: 0 4px 6px #2D2D2D;}
```

通过以上代码就完成了主体内容样式的书写。

12.4 页面尾部的制作

页面的尾部制作最简单，因为网页尾部的信息基本都是链接到其他页面。如下所示：

页面尾部的代码及样式。

HTML 代码如下。

```
<div class="footer">
<div class="footer1" style="height: 220px;">
<ul>
<li><a href="#"> 电子礼品卡 </a></li>
<li><a href="#"> 附近商店 </a></li>
<li><a href="#"> 订阅电子邮件 </a></li>
<li><a href="#"> 注册 NIKE 会员 </a></li>
</ul>
<ul style="margin-left: 80px;">
```

```
<li><a href="#"> 获取帮助 </a></li>
<li><a href="#"> 订单状态 </a></li>
<li><a href="#"> 配送方式 </a></li>
<li><a href="#"> 退换货 </a></li>
<li><a href="#"> 付款选项 </a></li>
<li><a href="#"> 联系我们 </a></li>
</ul>
<ul style="margin-left: 80px;">
<li><a href="#"> 新闻 </a></li>
<li><a href="#"> 关于 NIKE</a></li>
<li><a href="#"> 投资者 </a></li>
<li><a href="#"> 招贤纳士 </a></li>
<li><a href="#"> 新品预览 </a></li>
</ul>
<p style="float: right;"><a href="#"><img src="img/foote_1.png"/></a></p>
</div>
<div class="footer_down">
<a href="#"> 隐私权保护政策 </a><span>|</span><a href="#"> 使用条款 </a><span>|</span>
<a href="#"> 沪 ICP 备 11025349 号 -3</a><span>|</span><span>©ASUSTeK Computer Inc. All   rights reserved.</span>
</div>
</div>
</div>
```

CSS 样式代码如下：

```
.footer{width: 100%;height: 280px;background-color: #191919;}
.footer1 li a{font: 12px/2 宋体 ;color: #ABABAB;}
.footer1 li a:hover{color: aliceblue;}
.footer1 ul{padding-top: 45px;float: left;}
.footer_down{margin-left: 400px;margin-top: 20px;}
.footer_down a{font: 12px/2 宋体 ;color: #FFFFFF;}
.footer_down span{font: 12px/2 宋体 ;color: #FFFFFF;}
.footer_down a:hover{color: #ABABAB;}
```

至此整个网站的一级页面就完成了。

 ## 12.5 网站首页代码示例

结合以上分析，制作出完整的首页代码。

首页代码的示例代码如下：

```
<!DOCTYPE html>
<html>
<head>
<meta charset="UTF-8">
<title></title>
<style type="text/css">
*{list-style: none;text-decoration: none;margin:0;padding:0;}
.safety{width: 1100px;height:70px;margin: 0 auto;box-shadow: inset 0 -0.3px 0px #2D2D2D;}
.logo{float: left;margin-left: 45px;}
.head0{float: left;margin-left: 260px;width: 300px;}
.head1 li{float: left;position: relative;margin-left: 10px;}
.head1 li p{position: absolute;top: 70px;left:0;width: 56px;height:145px;background-color: #2d2d2d;display: none;z-
index: 10;}
.head1 a{font: 18px/2 微软雅黑 ;}
.head1 li:hover{background-color: #2d2d2d;}
.head1 li p a,.head2 a{display: block;font: 12px/2 宋体 ;padding: 0 6px;color: #ababab;width: auto;}
.head1 li:hover p{display: block;}
.head1 li p a:hover{color: #ffba00;}
.head1 a{color: #000;width: 56px;display: block;text-align: center;line-height: 70px;}
.head1 a:hover{background-color: #2d2d2d;color: #fff;}
.head2{float: left;margin-left:165px;margin-top: 16px;}
.head2 a{display: block;float: left;padding-top: 7px;}
.input_1{height: 30px;border-radius:5px;float: left;}
.content,.content2,.content3,.footer1{width: 1100px;margin: 0 auto;}
.content p,.content2 p{margin-left:265px;}
.content1{float: left;width: 370px;}
.content11{font: 20px/1.5 微软雅黑 ;margin-top: 45px;margin-left: 140px;}
.content12{font: 12px/2 宋体 ;color: #ababab;margin-left: 50px}
.content3 p{width: 100px;height: 40px;border: solid 0.3px #ABABAB;margin: 0 auto;}
.content3 p a{font: 15px/1.5 微软雅黑 ;padding-left: 8px;padding-top: 9px;}
.content4{width: 100%;background-color: #F1F1F1;height: 1373px;position: relative;}
.content41{margin: 0 auto;width: 1100px;}
.content41 img{margin-left:410px;}.content42 img{width: 1100px;height: 250px;margin-left: 125px;margin-top:
10px;}
.content42 a{display: block;padding-left: 637px;position: absolute;padding-top: 120px;color: #F1F1F1;font-size:
18px;}
.content43 img{width: 1100px;height: 150px;margin-left: 125px;margin-top: 10px;}
.content42 img:hover{box-shadow: 0 4px 6px #2D2D2D;}
.footer{width: 100%;height: 280px;background-color: #191919;}
.footer1 li a{font: 12px/2 宋体 ;color: #ABABAB;}
.footer1 li a:hover{color: aliceblue;}
```

```
.footer1 ul{padding-top: 45px;float: left;}

.footer_down{margin-left: 400px;margin-top: 20px;}

.footer_down a{font: 12px/2 宋体 ;color: #FFFFFF;}

.footer_down span{font: 12px/2 宋体 ;color: #FFFFFF;}

.footer_down a:hover{color: #ABABAB;}

</style>

<meta http-equiv="Content-Type" content="text/html; charset=gb2312" />

<title>11</title>

<script src="js/jquery.1.7.2.min.js"></script>

<script src="js/jquery.img_silder.js"></script>

<script>

$(function(){

$('#silder').imgSilder({

s_width:'100%', //

s_height:650, //

is_showTit:true, //

s_times:3000, //

css_link:'css/style.css'

});

});

</script>

</head>

<body>

<div>

<div class="head safety">

<div class="logo" ><img src="img/logo_1.png"/></div>

<div class="head0">

<ul class="head1">

<li><a href=""> 首页 </a></li>

<li><a href="#"> 男子 </a>

<p>

<a href="#"> 男鞋 </a>

<a href="#"> 羽绒服 </a>

<a href="#"> 运动鞋 </a>

<a href="#"> 运动服 </a>

<a href="#"> 健身 </a>

<a href="#"> 跑步 </a>

</p>

</li>

<li><a href=" 女子 .html"> 女子 </a>

<p>

<a href="#"> 女鞋 </a>
```

```
<a href="#"> 羽绒服 </a>
<a href="#"> 运动鞋 </a>
<a href="#"> 运动服 </a>
<a href="#"> 健身 </a>
<a href="#"> 跑步 </a>
</p>
</li>
<li><a href=""> 定制 </a></li>
</ul>
</div>
<div class="head2">
<form ><a href="#"> 搜索 </a>
<input class="input_1" type="text" name="myname">
</form>
</div>
</div>
<div class="silder" id="silder">
<ul class="silder_list" id="silder_list">
<li> <img src="img/Hub_P1.jpg" border="0" alt=" 尽你所能，练就最好的自己 "> </li>
<li> <img src="img/HO16_RN_M_Shieldpack.jpg" border="0" alt=" 风雨无阻，每一步 "> </li>
<li> <img src="img/12.15_HO16_MLP_P1_XCAT_Gifting_Footwear.jpg" border="0" alt=" 新款上市 "> </li>
<li> <img src="img/12.1_MLP_P1_12_Soles.jpg" border="0" alt="12 年，专业脚底设计 "> </li>
</ul>
</div>
<div class="content">
<p><img src="img/nake_1.png"/></p>
<div><img style="width: 1100px;margin: 0 auto;" src="img/nake_3.png"></div>
<ul class="content1">
<li class="content11"> 运动装备 </li>
<li class="content12"> 作为会员，享受免费配送服务和 30 天退换货政策 </li>
<li class="content12" style="margin-left: 130px;"> 理想装备近在咫尺。 </li>
</ul>
<ul class="content1">
<li class="content11"> 专业指导 </li>
<li class="content12"> 认识 Nike+ 的专家们，在 Nike+ 应用内外找到最 </li>
<li class="content12" style="margin-left: 130px;"> 适合你们的服务哦。 </li>
</ul>
<ul class="content1" style="width: 350px;">
<li class="content11"> 丰富活动 </li>
<li class="content12"> 通过 APP 预定线下课程，参加我们的特别活动和每 </li>
<li class="content12" style="margin-left: 130px;"> 周不容错过的训练。 </li>
</ul>
```

```html
    </div>
    <div class="content2">
    <p  style="margin-left: 295px;"><img src="img/nake_2.png"/></p>
    </div>
    <div class="content3" style="height: 90px;">
    <p><a href="#"> 加入 NAKE+</a></p>
    </div>
    <div class="content4">
    <p class="content41"><img src="img/nake_4.png"/></p>
    <p class="content42"><img src="img/Hub_P5.jpg"/><a href="#"> 预订活动 </a></p>
    <p class="content42"><img src="img/Hub_P6.jpg"/><a href="#"> 应用程序 +</a></p>
    <p class="content42"><img src="img/Hub_P7.jpg"/><a href="#"> 查找商店 </a></p>
    <p class="content42"><img src="img/Hub_P9.jpg"/></p>
    <p class="content43"><img src="img/Hub_P10.jpg"/></p>
    </div>
    <div class="footer">
    <div class="footer1" style="height: 220px;">
    <ul>
    <li><a href="#"> 电子礼品卡 </a></li>
    <li><a href="#"> 附近商店 </a></li>
    <li><a href="#"> 订阅电子邮件 </a></li>
    <li><a href="#"> 注册 NIKE 会员 </a></li>
    </ul>
    <ul style="margin-left: 80px;">
    <li><a href="#"> 获取帮助 </a></li>
    <li><a href="#"> 订单状态 </a></li>
    <li><a href="#"> 配送方式 </a></li>
    <li><a href="#"> 退换货 </a></li>
    <li><a href="#"> 付款选项 </a></li>
    <li><a href="#"> 联系我们 </a></li>
    </ul>
    <ul style="margin-left: 80px;">
    <li><a href="#"> 新闻 </a></li>
    <li><a href="#"> 关于 NIKE</a></li>
    <li><a href="#"> 投资者 </a></li>
    <li><a href="#"> 招贤纳士 </a></li>
    <li><a href="#"> 新品预览 </a></li>
    </ul>
    <p style="float: right;"><a href="#"><img src="img/foote_1.png"/></a></p>
    </div>
    <div class="footer_down">
    <a href="#"> 隐私权保护政策 </a><span>|</span><a href="#"> 使用条款 </a><span>|</span>
```

```
<a href="#"> 沪 ICP 备 11025349 号 -3</a><span>|</span><span>©ASUSTeK Computer Inc. All   rights reserved.</span>
</div>
</div>
</div>
</body>
</html>
```

上述代码就是效果图的整个样式代码，这里用到了 JavaScript 和鼠标滑动的状态，这两个知识点以后也会经常用到。接下来书写网页的二级页面。

12.6　二级页面的制作

二级页面的制作简单很多，因为为了页面的统一性和协调性，许多效果都不必再重复编写，这里只有 banner 的样式和页面中商品的排列形式不同。如图 12-6 所示。

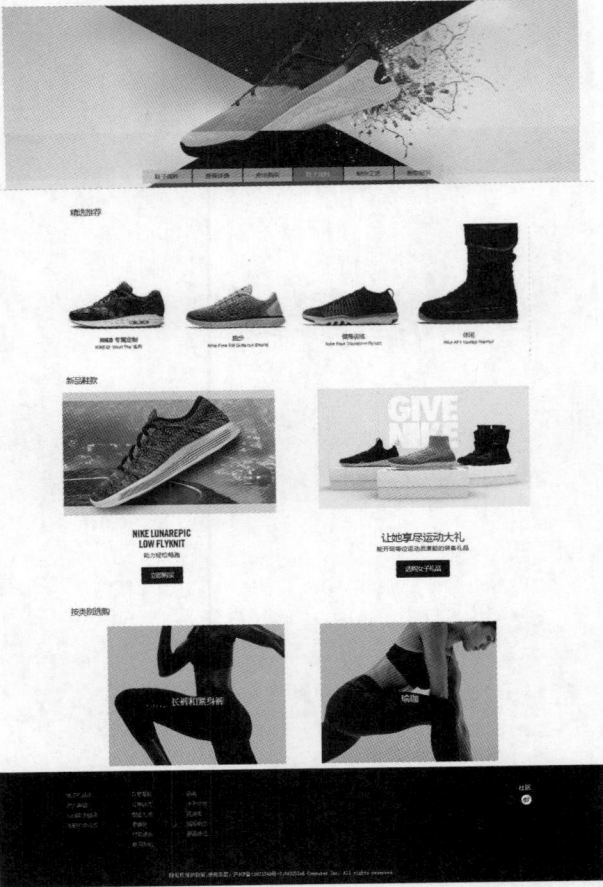

图 12-6

二级页面 CSS 样式如下：

```
<!DOCTYPE html>
<html>
<head>
<meta charset="UTF-8">
<title></title>
<style type="text/css">
*{list-style: none;text-decoration: none;margin:0;padding:0;}
.safety{width: 1100px;height:70px;margin: 0 auto;box-shadow: inset 0 -0.3px 0px #2D2D2D;}
.logo{float: left;margin-left: 45px;}
.head0{float: left;margin-left: 260px;width: 300px;}
.head1 li{float: left;position: relative;margin-left: 10px;}.head1 li p{position: absolute;top: 70px;left:0;width:
56px;height:145px;background-color: #2d2d2d;display: none;z-index: 10;}
.head1 a{font: 18px/2 微软雅黑 ;}
.head1 li:hover{background-color: #2d2d2d;}
.head1 li p a,.head2 a{display: block;font: 12px/2 宋体 ;padding: 0 6px;color: #ababab;width: auto;}
.head1 li:hover p{display: block;}
.head1 li p a:hover{color: #ffba00;}
.head1 a{color: #000;width: 56px;display: block;text-align: center;line-height: 70px;}
.head1 a:hover{background-color: #2d2d2d;color: #fff;}
.head2{float: left;margin-left:165px;margin-top: 16px;}
.head2 a{display: block;float: left;padding-top: 7px;}
.input_1{height: 30px;border-radius:5px;float: left;}
.content p img{width: 1100px;}
.footer{width: 100%;height: 280px;background-color: #191919;}
.footer1 li a{font: 12px/2 宋体 ;color: #ABABAB;}
.footer1 li a:hover{color: aliceblue;}
.footer1 ul{padding-top: 45px;float: left;}
.footer_down{margin-left: 400px;margin-top: 20px;}
.footer_down a{font: 12px/2 宋体 ;color: #FFFFFF;}
.footer_down span{font: 12px/2 宋体 ;color: #FFFFFF;}
.footer_down a:hover{color: #ABABAB;}
</style>
<meta http-equiv="Content-Type" content="text/html; charset=utf-8" />
<title>jQuery</title>
<!-- 页面 css 样式 -->
<link rel="stylesheet" href="css/tuniu.css" />
<!-- js 文件 -->
<script src="js/jquery-2.1.4.min.js"></script>
<script src="js/index.js"></script>
</head>
<body>
```

```
<div class="head safety">
<div class="logo" ><img src="img/logo_1.png"/></div>
<div class="head0">
<ul class="head1">
<li><a href=" 首页 .html"> 首页 </a></li>
<li><a href="#"> 男子 </a>
<p>
<a href="#"> 男鞋 </a>
<a href="#"> 羽绒服 </a>
<a href="#"> 运动鞋 </a>
<a href="#"> 运动服 </a>
<a href="#"> 健身 </a>
<a href="#"> 跑步 </a>
</p>
</li>
<li><a href="#"> 女子 </a>
<p>
<a href="#"> 女鞋 </a>
<a href="#"> 羽绒服 </a>
<a href="#"> 运动鞋 </a>
<a href="#"> 运动服 </a>
<a href="#"> 健身 </a>
<a href="#"> 跑步 </a>
</p>
</li>
<li><a href=""> 定制 </a></li>
</ul>
</div>
<div class="head2">
<form ><a href="#"> 搜索 </a>
<input class="input_1" type="text" name="myname">
</form>
</div>
</div>
<style>
body, html, div, blockquote, img, label, p, h1, h2, h3, h4, h5, h6, pre, ul, ol,
li, dl, dt, dd, form, a, fieldset, input, th, td
{margin: 0; padding: 0; border: 0; outline: none;list-style-type: none;overflow-x:none  }
body{line-height: 1;font-size: 88% ;font-family: " 微软雅黑 "}
h1, h2, h3, h4, h5, h6{font-size: 100%; margin: 0 ;font-weight: 400;padding:0;}
ul, ol{list-style: none;}
a{color:#404040;text-decoration: none;}
```

```
</style>
<div class="center">
<div class="center_top">
<!-- <========================================================> -->
<!-- 轮播图开始区域 -->
<!-- <div id="bannar"> -->
<div class="content_middle">
<div class="common_da">
<a class="common btnLeft"href="javascript:;"></a>
<a class="common btnRight"href="javascript:;"></a>
</div>
<ul>
<li style="background:url(img/banner_11.png) no-repeat center center;opacity: 100;filter: alpha(opacity=1);"></li>
<li style="background:url(img/banner_12.png) no-repeat center center;"></li>
<li style="background:url(img/banner_13.png) no-repeat center center;"></li>
<li style="background:url(img/banner_14.png) no-repeat center center;"></li>
<li style="background:url(img/banner_15.png) no-repeat center center;"></li>
<li style="background:url(img/banner_16.png) no-repeat center center;"></li>
</ul>
<div class="table">
<a class="small_active"href="javascript:;"> 鞋子面料 </a>
<a href="javascript:;"> 查看详情 </a>
<a href="javascript:;"> 点击购买 </a>
<a href="javascript:;"> 鞋子底料 </a>
<a href="javascript:;"> 制作工艺 </a>
<a href="javascript:;"> 新款报到 </a>
</div>
</div>
</div>
</div>
<div class="content safety" style="box-shadow:none;height: 1400px;">
<a href="#"><img src="img/foot_15.png"/></a>
<p><a href="#"><img src="img/foot_17.png"/></a></p>
<div><a href="#"><img src="img/conter_13.png"/></a></div>
<div style="float: left;"><img style="width: 500px;height: 300px;" src="img/foot_13.png"/></div>
<div style="float: right;"><img style="width: 500px;height: 300px;" src="img/foot_14.png"/></div>
<div style="float: left;"><a href="#"><img src="img/foot_22.png"/></a></div>
<div style="float: right"><a href="#"><img src="img/foot_21.png"/></a></div>
<p><a href="#"><img src="img/foot_23.png"/></a></p>
<div style="float: left;margin-left: 100px;"><a href="#"><img src="img/conter_1.png"/></a></div>
<div style="float: left;margin-left: 80px;"><a href="#"><img src="img/conter_12.png"/></a></div>
</div>
```

```
<div class="footer">
<div class="footer1" style="height: 220px;width: 1100px;margin: 0 auto;">
<ul>
<li><a href="#"> 电子礼品卡 </a></li>
<li><a href="#"> 附近商店 </a></li>
<li><a href="#"> 订阅电子邮件 </a></li>
<li><a href="#"> 注册 NIKE 会员 </a></li>
</ul>
<ul style="margin-left: 80px;">
<li><a href="#"> 获取帮助 </a></li>
<li><a href="#"> 订单状态 </a></li>
<li><a href="#"> 配送方式 </a></li>
<li><a href="#"> 退换货 </a></li>
<li><a href="#"> 付款选项 </a></li>
<li><a href="#"> 联系我们 </a></li>
</ul>
<ul style="margin-left: 80px;">
<li><a href="#"> 新闻 </a></li>
<li><a href="#"> 关于 NIKE</a></li>
<li><a href="#"> 投资者 </a></li>
<li><a href="#"> 招贤纳士 </a></li>
<li><a href="#"> 新品预览 </a></li>
</ul>
<p style="float: right;"><a href="#"><img src="img/foote_1.png"/></a></p>
</div>
<div class="footer_down">
<a href="#"> 隐私权保护政策 </a><span>|</span><a href="#"> 使用条款 </a><span>|</span>
<a href="#"> 沪 ICP 备 11025349 号 -3</a><span>|</span><span>©ASUSTeK Computer Inc. All rights reserved.</
span>
</div>
</div>
</body>
</html>
```

上述代码就是二级页面的全部代码，运行的效果就是图 12-6 的样式。

参 考 文 献

[1] 杜思深 . 综合布线 [M]. 2 版 . 北京：清华大学出版社，2009.

[2] 王磊 . 网络综合布线实训教程 [M]. 3 版 . 北京：中国铁道出版社，2012.

[3] 方水平，王怀群，王臻 . 综合布线实训教程 [M]. 2 版 . 北京：机械工业出版社，2012.

[4] 黎连业 . 网络综合布线系统与施工技术 [M]. 4 版 . 北京：机械工业出版社，2011.

[5] 本书编写组 . 数据中心综合布线系统工程应用技术 [M]. 北京：电子工业出版社，2016.